ARTISANS FRANÇAIS

LES PEINTRES EN BATIMENT DOREURS & VITRIERS

ÉTUDE HISTORIQUE

PAR

François HUSSON
Officier de l'Instruction Publique,
Lauréat de la Ligue Française de l'Enseignement, de la Société Centrale des Architectes français, de la Société de la Participation aux bénéfices; etc.

PARIS
CHEZ MARCHAL & BILLARD, éditeurs
27, PLACE DAUPHINE, 27

1905

ARTISANS FRANÇAIS

LES PEINTRES EN BATIMENT

DOREURS & VITRIERS

ÉTUDE HISTORIQUE

DU MÊME AUTEUR :

Nos Métiers à travers les âges. Curiosités de l'art de la construction et de diverses industries ; ouvrage honoré de la souscription de la *Ville de Paris*, 1 vol, in-18...

La Seconde Révolution française, solution pacifique de la question sociale ouvrière, avec préface de M. Frédéric PASSY ; ouvrage honoré du patronage et de la souscription de la Société de la Participation aux bénéfices, du prix Charles ROBERT, et d'une médaille d'argent à l'Exposition universelle de 1900........................

Artisans et Compagnons. — Etudes rétrospectives sur les Métiers. Ouvrage illustré, honoré de souscriptions diverses..

Artisans français. — Etudes historiques renfermant des documents inédits : statuts et règlements depuis saint Louis et le roi Jean jusqu'à Louis XVI ; œuvres et écrits des artisans célèbres, etc., etc.

Cette série comprend : les SERRURIERS, les MENUISIERS, les CHARPENTIERS, les MAÇONS et TAILLEURS DE PIERRE, les COUVREURS et PLOMBIERS, les MIROITIERS, les TAPISSIERS, les PEINTRES EN BATIMENT, DOREURS ET VITRIERS. Chacune de ces études forme un beau volume illustré du prix de..

Les huit ouvrages qui précèdent ont été l'objet de souscriptions du *Groupe syndical de l'Industrie et du Bâtiment* et des Chambres de *Maçonnerie*, de *Charpente*, de *Menuiserie*, de *Serrurerie*, de *Couverture*, de *Miroiterie*, de *Tapisserie* et de *Peinture* ; ils ont valu à l'auteur, le titre de *Lauréat de la Société centrale des Architectes français*.

Manuel élémentaire de fortification. Publication de la Réunion des officiers, par le lieutenant Fr. HUSSON, du 28e Régimt territorial d'infanterie, 1 vol. in-12, 60 figures.

Manuel élémentaire de topographie et de lecture des cartes, même publication, 1 vol. in-12. 41 figures...

Etc., etc.

LES PEINTRES EN BATIMENT AU XVIIIe SIÈCLE

ARTISANS FRANÇAIS

LES

PEINTRES EN BATIMENT

DOREURS & VITRIERS

ÉTUDE HISTORIQUE

PAR

FRANÇOIS HUSSON

Officier de l'Instruction Publique,
Lauréat de la Ligue Française de l'Enseignement, de la Société Centrale des Architectes français, de la Société de la Participation aux bénéfices ; etc.

PARIS
CHEZ MARCHAL & BILLARD, éditeurs
27, PLACE DAUPHINE, 27

1905

A notre aïeul PIERRE DU MONT

Maître peintre et sculpteur

de S. A. le duc d'Orléans et du duc de Lorraine,

Membre de l'Académie de Saint-Luc,

(1670-1737)

A NOS LECTEURS

La monographie que nous offrons aujourd'hui au public sera, nous l'espérons du moins, accueillie avec autant de bienveillance que l'ont été nos précédentes études historiques et de législation ouvrière.

Celle-ci est la huitième de notre collection et non pas la moins intéressante.

L'industrie du peintre est, en effet, au moyen-âge, étroitement liée aux métiers qui ont pour but la décoration des édifices religieux et des châteaux. C'est là surtout que cet artisan exerce son élégante profession. Sous le règne de Saint-Louis, la peinture va de pair avec la sculpture et ce lien subsiste encore au XVIIIe siècle, où nous voyons les sculpteurs et les peintres-décorateurs en bâtiment de ce temps-là faire tous partie de l'Académie de Saint-Luc, après avoir été admis même à l'Académie royale, à côté des grands artistes qui illustraient alors la France. On le voit, aucune distinction ne fut nettement établie, pendant plus de cinq siècles, entre l'art pur et la décoration des édifices et c'est là un côté curieux de l'histoire de la corporation dont nous allons donner les statuts et règlements, en y ajoutant les documents officiels, souvent inédits, émanant des rois de France, des prévôts de Paris, du Conseil d'Etat, du Parlement, qui l'intéressent le plus. Il est curieux de se représenter nos vieux maîtres peintres, sortant des séances académiques et allant, du même pas, donner leurs ordres et aider de leur pinceau leurs ouvriers occupés à la peinture et à la décoration d'un hôtel de financier ou de comédienne célèbre, d'une maison de haut-bourgeois.

Au moyen-âge, le peintre était considéré comme appartenant à un métier respectable, relevant de l'Église et de la noblesse et, en conséquence, exempté de certains impôts et du service du guet. Ces privilèges lui furent maintenus pendant des siècles et, en quelque sorte, sanctionnés au XVIIe siècle par l'admission des peintres-imagiers dans le sein de l'Académie royale de peinture et de sculpture.

*
* *

Voilà ce que furent autrefois les artisans qui font l'objet de cette étude. Ils embellissaient surtout les basiliques et les résidences seigneuriales par la brosse et le pinceau. Et ce fut là leur début.

A des époques plus rapprochées de nous, l'amour du beau pénétra plus profondément et le luxe y aidant, ils transformèrent au XVIIIe siècle, les salles nues du moyen-âge en pièces d'appartement superbes, en salons ravissants, en boudoirs délicieux où la fraîcheur et l'éclat des coloris, l'or des boiseries judicieusement appliqué, composaient de merveilleux ensembles. Qui n'a pas admiré ces chefs-d'œuvre somptueux et de bon goût, sévères et imposants sous Louis XIV, capricieux et pleins de fantaisie sous Louis XV, gracieux et plus mesurés sous Louis XVI ?

Après la décoration froide et compassée du premier Empire, après les banalités des époques suivantes, nous avons vu le peintre contemporain revenir aux saines traditions, étudier les compositions de styles, en tirer parti en y ajoutant d'heureux effets et obtenir ainsi des œuvres de haute valeur. Sans le secours de son talent, nos demeures ne seraient que de froids abris dénués de charme. Mais il est là, cet excellent ouvrier et, soit qu'il ne s'agisse que d'une transformation modeste, soit qu'il se trouve en présence d'un travail plus important, il est rare qu'il ne se montre pas le fidèle interprète du goût épuré et de l'élégance qui caractérisent si bien notre pays, d'art aimable et d'imagination subtile.

Armoiries des peintres-imagiers. — Enregistrées à l'*Armorial général*, par ordonnance du 26 septembre 1698, des commissaires généraux du Conseil, députés sur le fait des armoiries. (Brevets délivrés par Ch. d'Hozier, garde de l'Armorial de France. (1)

CHAPITRE PREMIER

Étymologie des mots : peintre, peinture. — La peinture et la vitrerie dans les temps antiques. — La peinture et la décoration picturale au moyen-âge ; les couleurs mystiques, etc. — Armoiries de la corporation. — Le peintre, le doreur et le vitrier aux XIVe et XVe siècles.

Le mot *peintre* a pour étymologie le latin *pictor* ou plutôt *pinctor* ; le mot *peinture* vient du latin

(1) D'Hozier. Armorial ; texte XXIV, fol. 449.

après qu'elle a été couchée bien également et bien séchée, la couvrent de cire fondue avec un peu d'huile et ayant étendu cette composition avec un pinceau, ils l'échauffent en présentant un réchaud plein de charbon allumé devant la muraille, ce qui fond la cire qu'ils égalisent partout en la polissant avec une bougie et des linges bien secs, comme lorsqu'on cire les statues de marbre. Cette croûte de cire préserve la couleur des atteintes du soleil et de la lune. »

Pline dit la même chose : « Enduisez la muraille de cire ; lorsqu'elle sera bien séchée, frottez-la avec un bâton de cire et des linges bien secs. »

Les fouilles du Palatin de Rome ont fait découvrir une maison de la fin de la République dont tout l'étage inférieur est bien conservé. Les salles en sont couvertes de belles peintures presque intactes. « Le long des corniches courent des arabesques élégantes, des guirlandes de feuilles et de fleurs entrelacées de génies ailés, des paysages fantastiques d'un goût charmant. » (1)

Les catacombes de Rome ont des chambres funèbres dont les voûtes sont ornées de peintures décoratives. On y remarque, comme à Pompéi, des arabesques charmantes, des oiseaux et des fleurs, des branches de vigne et même de ces

(1) Gaston Boissier. Rome et Pompéï, p. 105.

génies ailés qui semblent voler dans l'espace (1). Des peintures à fresques représentent là des scènes bibliques, le *Bon Pasteur*, aussi bien que les fictions païennes : c'est ainsi que le Christ y est vu sous les traits d'Orphée et que l'on y trouve la poétique histoire de Psyché et de l'Amour (2). Les peintres de lettres y ont laissé maintes inscriptions.

La villa de l'empereur Adrien, bâtie et décorée sur ses propres plans, car il était peintre et architecte, a été étudiée par M. Daumet qui en a imaginé une restauration fort estimée. Elle renfermait des pièces souvent couvertes de gracieuses peintures. Enfin, on a retrouvé, dans une maison des bords du Tibre, des peintures d'ornement d'un éclat extraordinaire ; elles sont composées de guirlandes et d'arabesques reliant des colonnes entre elles, de motifs d'architecture et de médaillons. (3)

***

Presque toutes les maisons de Pompéï étaient peintes, même à l'extérieur. Les couleurs employées étaient le *blanc de Milos*, le *jaune d'Athènes*, le

(1) Gaston Boissier. Rome et Pompéi, p. 160, 184, 194.
(2) Idem, p. 161.
(3) Idem, p. 350.

rouge de Sinope. Pline y ajoute le noir. Les colonnes étaient teintées de rouge ou de jaune. Ces couleurs étaient broyées avec du blanc d'œuf et de la gomme.

Les petits bourgeois pompéïens faisaient peindre à fresque les murailles de leurs salles, en imitant des pilastres dont les entre-deux étaient garnis de faux tableaux, avec encadrements peints.

Le peintre d'attributs était très occupé dans cette ville. On a retrouvé, parmi ses œuvres, des festons de fleurs et de fruits, des branchages fleuris, des reproductions d'animaux divers, etc.

Nombre d'inscriptions sur les murailles des maisons ou des portiques, peintes en rouge ou en noir, sont très bien conservées. Ces ouvrages du peintre de lettres remplissaient l'office de nos affiches. Ils apprennent au public qu'un logement est à louer, que tel objet est perdu, que l'on dîne agréablement et que l'on est bien logé à telle auberge, etc., etc.

La dorure était largement employée par les Romains, surtout dans la décoration des voûtes et des portes de leurs temples. Ovide, Pline et d'autres auteurs sont d'accord sur ce point.

N'est-ce pas le verrier romain qui, le premier, posa des vitres aux fenêtres? Tout porte à le croire. Des châssis, encore garnis de leurs verres, ont été découverts sous les laves et les cendres du

Vésuve, à Herculanum et à Pompéi. « En 1772 », dit Quatremère de Quincy, « on trouva, à Herculanum, une fenêtre avec un beau vitrage de trois palmes; les vitres avaient un palme en carré. » (1)

Les vitres romaines n'étaient pas de verre soufflé; elles étaient probablement coulées dans un cadre en métal, de sorte, dit M. Peligot, (2) « que ce verre avait été obtenu par un procédé plus ou moins analogue à celui qu'inventaient, seize siècles plus tard, les fondateurs de Saint-Gobain. »

Mais avant l'usage des vitres de verre, l'ouvrier posait sur les fenêtres, en guise de carreaux, des plaques d'albâtre transparent qui donnaient un jour doux, analogue à celui qui s'obtient par l'emploi du verre dépoli.

*
* *

Après ce rapide coup d'œil jeté sur la situation, dans l'antiquité, de l'industrie qui nous occupe ici, il est intéressant de constater l'état dans lequel elle se trouvait en France au moyen-âge et dans les temps qui suivirent.

Les idées de nos bons aïeux étaient différentes

(1) Le palme dont il s'agit ici est une mesure italienne valant 25 de nos centimètres.

(2) Péligot. *Le verre. G. Masson*. 1877.

des nôtres et moins raffinées : le sens artistique qui domine nos époques leur était beaucoup moins familier. Ce n'est pas outrager leur mémoire que de reconnaître chez eux moins de délicatesse dans le jugement, moins d'épuration dans le goût. Dans leur naïve simplicité, tout ce qui concourait à l'enjolivement de la matière, à la décoration et à l'embellissement des demeures, des objets mobiliers ou de la parure, n'était que de l'œuvre ouvrière, plus ou moins utile, plus ou moins nécessaire, mais ne dominant pas autrement les besognes et les charges des autres métiers, qui avaient aussi, du reste, leur côté décoratif, ce qui nous est démontré par les œuvres remarquables de la serrurerie et de la menuiserie historiées, par exemple. Tous ceux qui travaillaient manuellement, même avec le pinceau ou le ciseau du statuaire, étaient des artisans plus ou moins considérés, mais rien de plus.

Plus tard, lorsque le sens artistique se développa, c'est-à-dire aux temps de la Renaissance, les métiers qui s'élevaient au-dessus des autres par leurs productions décoratives furent confondus dans le même sentiment d'estime et d'admiration.

C'est ainsi, à notre avis, qu'il faut comprendre et interpréter l'union qui a existé, pendant de longs siècles, entre les peintres, les enlumineurs et les sculpteurs-imagiers, ceux-ci souvent les sublimes tailleurs d'images des portiques et des galeries de nos vieilles cathédrales. Les règlements d'Etienne Boyleaux consacrent cette union; ils confondent les peintres et les imagiers sous les mêmes statuts en deux titres qui se suivent dans les règlements des métiers, parce que, dans l'esprit de ce temps, ces professions se valaient et venaient en aide l'une à l'autre, au point de vue de la décoration du temple ou du château. Peut-être même le peintre-imagier retenait-il davantage l'attention publique, car il faisait vivre la statue et le bas-relief en colorant les chairs et les vêtements des personnages taillés dans le bois ou la pierre.

Nous trouverons plus loin les statuts dont nous venons de parler, et nous remarquerons alors que l'artisan que nous appelons aujourd'hui « le peintre en bâtiment » n'y est point désigné. Mais cet oubli est réparé dans une sentence du prévôt de Paris, en date de 1391, dans laquelle diverses prescriptions touchant la peinture murale sont indiquées.

Mais était-ce bien un oubli? Nous pensons qu'il était inutile de parler de cette spécialité du travail du peintre du moyen-âge, et voici nos raisons : Chose qui nous parait singulière, mais qui semblait toute naturelle à des hommes qui trouvaient toute besogne honorable, pourvu qu'elle fût « *bonne et loyale* », c'était le même ouvrier qui, sur tous les points de la France, peignait une page d'histoire, des carreaux sur les murs, des arcs de voûte et des solives, un ciel semé d'étoiles, des figures religieuses et des statues, des écussons armoriés et des bannières, des enseignes de boutiques, des chars de voyage et des arçons de selles. Les meilleurs peintres de ce temps ne dédaignaient nullement des travaux qui, par leur humble simplicité, répugneraient aux hommes de talent contemporains.

Mais, s'ils revêtaient les murailles de teintes unies, ils choisissaient les tons avec goût, en les harmonisant non seulement entre eux, mais encore avec les objets qui les entouraient et le caractère de l'édifice. C'est ce que l'on remarque dans les temples où la peinture ancienne a été conservée; elle s'accorde même avec la lumière du jour tamisée par les vitraux ardemment colorés. Sur ces fonds uniformes, le laborieux artisan semait des étoiles, des fleurs de lis, des emblèmes mystiques. Les champs étaient formés par des bordures chargées de rinceaux, d'écus armoriés, de motifs symboliques. Dans la voûte d'azur brillaient les astres d'or et d'argent; un horizon factice était ainsi créé par le peintre, qui faisait involontairement songer aux espaces infinis.

Cela était simple et grand.

Les poutres des demeures seigneuriales étaient peintes et dorées ; les entrevous étaient d'azur, comme s'il s'agissait de figurer des échappées du ciel.

Il y avait là, en somme, dans tous ces ouvrages, un sentiment d'art dans lequel on démêle toujours un peu de foi religieuse : c'est une démonstration bien étudiée de la pensée humaine. Jamais, du reste, dans nos vieux métiers d'autrefois, l'œuvre n'est sortie de l'inconscience ; aussi est-elle rarement banale.

Au XIIe siècle, les couleurs employées étaient l'ocre jaune, le brun-rouge clair, le vert, le bleu, le rose, le violet. Elles étaient broyées à l'œuf, à la colle. En France, l'emploi de la peinture à l'huile, à part de rares exceptions, ne se généralisa que vers le commencement du XIVe siècle (1).

Nous avons, dans un précédent ouvrage (2), cité Théophile le moine, qui, au XIIe siècle, traita de la peinture, des couleurs à employer sur les murs et les bois. Dans son ouvrage souvent mentionné, on trouve une méthode pour mêler les couleurs à l'huile de lin (3) et pour les sécher

(1) Alex. Lenoir attribue la découverte de la peinture à l'huile à Hubert et Jean Van Eyck, peintres liégeois et la fixe à l'année 1390.

(2) *Nos Métiers à travers les âges*, p. 169.

(3) Voyez plus loin, la citation de l'ouvrage de VIOLLET-LE-DUC. Ajoutons qu'en 1239, on peignit à l'huile la chambre de la reine d'Angleterre, au château de Westminster.

artificiellement. C'est la gomme du cerisier ou le « clair d'œufs » qu'il recommande comme siccatifs, suivant les couleurs.

Plus tard, Daviler (1), architecte célèbre du XVIIe siècle, nous indique les couleurs employées par le peintre en bâtiment de son temps, et parmi lesquelles on remarque le *blanc de céruse* broyé à l'huile de noix et à la térébenthine, le *blanc de Rouen*, le *blanc des Carmes*, inventé, dit-il, par les carmes déchaussés, l'*ocre jaune*, la *couleur d'olive*, le *brun rouge*, le *bleu*, le *vert de montagne*, le *vert de gris*. Les bois étaient vernis à la gomme, à l'esprit de vin, à l'huile grasse et à la litharge.

La peinture en décors est décrite aussi par Daviler, qui recommande de ne point peindre en marbre ce qui n'en peut être en réalité, comme par exemple des panneaux de portes ou de grilles. Il donne la manière d'imiter le bronze et d'appliquer l'or sur les bois.

Au moyen-âge, la vitrerie des fenêtres était peu employée, excepté pour celles que l'on garnissait de vitraux ou de verres mis en plomb. Les carreaux en papier huilé étaient posés par des *enchassisseurs*, qui, plus tard, posèrent les vitres en les maintenant au moyen de bandes de papier, l'usage

(1) Nos Métiers à travers les âges, par Fr. HUSSON.

des petites pointes et du mastic n'ayant été mis en pratique que vers la fin du XVIIIe siècle.

*
* *

Viollet-le-Duc, dans son magnifique ouvrage le « Dictionnaire raisonné d'Architecture », traite de la peinture des édifices au moyen-âge, mais il s'occupe surtout de la peinture d'art. Cependant, après avoir indiqué que tous les monuments de l'Inde, de l'Asie-Mineure, de l'Égypte, de la Grèce étaient peints au dedans et au dehors, cet auteur cite Grégoire de Tours, qui lui-même rappelle cette question, adressée par les soldats qui assiègent la ville de Comminges, à Gondowald : « Es-tu ce peintre qui, au temps du roi Clotaire, barbouillait en treillis les murailles et les voûtes des oratoires ? »

Le maître-architecte entretient ensuite ses lecteurs des peintures murales qui, dans les premiers siècles du christianisme, ne consistaient qu'en une sorte de badigeon blanc ou jaunâtre, « sur lequel étaient tracés des dessins très déliés en noir ou en ocre rouge. Près du sol », ajoute-t-il, « apparaissent des tons soutenus, brun rouge ou même noirs, relevés de quelques filets jaunes, verdâtres ou blancs. Les sculptures elles-mêmes étaient couvertes de ce badigeon d'une faible épaisseur, les ornements se détachant sur des fonds rouges et souvent rehaussés de traits noirs et de touches jaunes. Ce genre de décoration paraît avoir été longtemps pratiqué dans les Gaules et jusqu'au moment où Charlemagne fit venir des artistes d'Italie et d'Orient ».

Les peintres du XIIe siècle employaient surtout la peinture à fresque, à la colle et à l'œuf. Saint-Jean, de Poitiers, œuvre de cette époque, est citée par Viollet-le-Duc comme offrant des spécimens de bordures, de bandes, de frises élégantes qui renferment des grecques compliquées, des palmettes, des motifs de feuillages, de rosettes, d'étoiles, de fleurons, etc., ouvrages remarquables par la connaissance de la valeur des tons, de leur influence et de leur harmonie. L'auteur cite encore les colonnes des chapelles de Saint-Denis, qui sont peintes de torsades vert-clair sur fond blanc-jaune bordé d'un filet brun-rouge avec perlé blanc à cheval sur le rouge et le vert.

Les artistes du XIIIe siècle, d'après Viollet-le-Duc, employaient quelquefois la peinture à l'huile et les vernis. La décoration de la Sainte-Chapelle en est une preuve certaine. On en trouvera d'autres dans cet ouvrage (1).

Au XIVe siècle, Jehan Coste, peintre, établit un

(1) Voyez à la fin du chapitre II ; comptes de la Comtesse d'Artois.

devis pour les travaux qu'il va entreprendre au château de Vaudreuil, et l'une des clauses qu'il y introduit est celle-ci : « Toutes ces choses dessus devisées seront fetes de fines couleurs à l'huile, et les champs de fin or enlevé » (en relief.)

Au moyen-âge, Notre-Dame de Paris avait un aspect décoratif superbe. Les trois grandes portes étaient peintes de couleurs éclatantes et dorées ; les niches des saints étaient peintes ; la galerie des rois, les arcades sous les tours, coloriées et dorées. Le noir jouait un rôle important dans cette décoration extérieure; il bordait les moulures, remplissait les fonds, cernait les ornements et redessinait en traits larges les figures. Les grands pignons des transepts ont longtemps porté des traces de peinture.

Si les grands édifices étincelaient par leurs couleurs vives, les émaux de leurs façades et les dorures de leurs plombs repoussés, il en était de même, toute proportion gardée, pour certaines grandes habitations particulières. Les pans de bois étaient peints de tons chauds. « Et par dessus les pignacles (1) de l'hostel estoient belles ymaiges dorés. » (2) Ces décorations furent longtemps

(1) *Pinacle* : Comble, pointe du pignon.

(2) Citation de Guillebert de Metz, écrivain du XVe siècle. Description de la maison de Jacques Duchié, rue des Prouvaires, à Paris.

employées, au grand avantage du pittoresque des villes. Ce ne fut qu'à partir du XVIe siècle que l'on y renonça. La sévérité de la pierre nue succéda au luxe des dorures et des couleurs vives et claires qu'il est de bon goût de ne pas regretter devant les ennuyeux classiques.

« Les trois couleurs dont on décoroit les églises gothiques », dit Alexandre Lenoir (1), « nous paroissent une imitation de celles qui étaient consacrées dans les temples dédiés au Soleil ou à la Nature, suivant les anciennes théogonies. Nous y voyons l'*or*, le *bleu* et le *rouge* y briller exclusivement. Les premiers sectaires de la religion chrétienne aimoient à retrouver, dans leurs temples, ces couleurs, sous lesquelles les anciens mages avoient désigné la lumière, le ciel et le feu, et qui leur rappelloient sans cesse l'auteur de toutes ces choses. Quelquefois, on employoit le noir pour peindre les ténèbres ou le mauvais génie, mais alors cette couleur étoit toujours dominée ou absorbée par une plus grande quantité d'or, le symbole de la lumière.

« Pour se convaincre de cette observation, il suffira de visiter les anciens temples qui nous restent et qui ont conservé leur parure primitive.

(1) Dans sa *Description historique et chronologique des monuments de sculpture réunis au Musée des monuments français*. 1806; p. 93.

Voilà les raisons qui m'ont déterminé à rappeler ces couleurs mystiques dans les anciens siècles, que j'ai essayé de peindre dans ce musée. Jetons un coup-d'œil sur l'antiquité, et nous verrons que l'or, le bleu et le cinabre étoient les couleurs consacrées à la divinité. Bacchus avoit un temple à Phelloë et à Phigalie, dans lesquels sa statue étoit peinte couleur de cinabre. En Grèce, on érigeoit à Apollon des statues d'or, dont le visage et les mains étoient peints en rouge. Jésus-Christ lui-même, par une suite de cet usage consacré à la divinité chez les anciens, est représenté vêtu de bleu et de rouge, et ayant les cheveux d'or. Si nous remontons au temps des Egyptiens, nous voyons ces couleurs employées allégoriquement. Un savant voyageur, dans son excellent ouvrage sur l'Egypte, dit formellement qu'il a vu, dans les tombeaux des rois, à Thèbes, des peintures monochromes qui représentent des *hommes rouges* coupant la tête à des *hommes noirs*. Il est certain que ces couleurs bien caractérisées, placées dans des tombeaux, ne peuvent qu'être allégoriques, et avoir pour but un sens moral... Pourquoi ces couleurs ne seroient-elles pas emblématiques comme celles dont je parle? Le *rouge* me paraît être là, comme ailleurs, l'image du *feu*, de la *lumière* ou l'emblème du *bon génie*, et le *noir* celle de l'*ombre*, des *ténèbres* ou l'emblème du *mauvais génie ;* et nous ne pouvons nous dissimuler que toutes les religions antiques ont été formées sur ces principes généraux que les premiers hommes ont pris de la nature »....

Nous avons reproduit ce passage, dû à la plume autorisée de l'administrateur du Musée des monuments français du premier Empire. C'est une petite étude fort curieuse des peintures mystiques, dans laquelle on reconnaît la persévérance des traditions, puisque l'Eglise catholique adopte, pour la décoration de ses temples et de ses figures sacrées, les mêmes couleurs symboliques que les Egyptiens avaient fait connaître aux Grecs, que les Grecs avaient enseignées aux Romains et que nous, fils des Gallo-Romains, nous voyons employer encore aux mêmes usages et dans le même ordre d'idées. Rien de plus exact que cette phrase de notre auteur que nous retrouvons plus loin et à laquelle il n'attache pas la même valeur que nous-même : « Colorier les vêtements et les carnations des statues, c'est remonter à l'enfance de l'art. »

*
* *

Le peintre en bâtiment d'aujourd'hui doit être un homme de goût sachant harmoniser les couleurs et les tons avec la décoration et le caractère de l'édifice, de l'appartement qu'il est chargé d'embellir. L'ensemble de son travail doit même être en accord avec les goûts de son client, et cela n'est pas toujours facile.

Pour que l'harmonie existe dans un appartement, il faut, dit M. Havard, que « du plancher au plafond, toutes les surfaces qui se succèdent, se relient ensemble par une communauté d'origine et par une succession de tons et de valeurs qui conduisent l'œil d'un plan à un autre, sans aucun soubresaut. » Les ouvrages du peintre-décorateur doivent s'accorder avec les styles divers. Il doit connaître à fond les nombreuses spécialités de son métier, comme le filage qui simule les moulures ombrées, le décor ou représentation fidèle du marbre, des bois, des métaux, la dorure et l'application des bronzes et de l'argent, la tenture en papier peint, etc., etc.

Cette dernière application à la décoration des murailles ne date pas de très loin. Autrefois, les parois des chambres et salles étaient nues ou décorées de tapisseries que l'on enlevait et replaçait, selon que la maison était habitée ou momentanément délaissée.

Le papier de tenture est une invention chinoise ou japonaise qui, au surplus, n'est que de la peinture à la colle ou même à la gomme ; il fut importé en Europe par les Hollandais. Ceci est pour le papier de tenture ordinaire, comme nous le connaissons et c'est là ce que l'on affirme couramment, en ajoutant que sa fabrication ne date que du XVIIIe siècle.

Cependant, quelques essais, plus ou moins heureux, avaient été faits, dès 1620, par les François de Rouen et plus tard, par Lebreton. L'idée des François était d'imiter sur le papier les anciennes tapisseries de haute lice ; ils faisaient des veloutés avec de la poudre de laine qu'ils tamisaient et répandaient sur le papier fraîchement couché à l'huile ; ils reproduisirent ainsi les verdures flamandes et même les tapisseries à personnages des manufactures des Gobelins et d'Aubusson. Quant à Lebreton, il fabriquait des papiers marbrés vers 1680 ; on s'en servait pour la reliure des livres. Les anciens fabricants de papiers peints étaient appelés *marbreurs* et surtout *dominotiers*. « Il était enjoint aux syndics des libraires de visiter les dominotiers, imagiers, tapissiers, afin qu'ils n'imprimassent aucune peinture dissolue (1). » Conclusion : le papier peint nous paraît être une invention française, contrairement à la croyance habituelle.

La vérité est que ce ne fut qu'au XVIIIe siècle que la fabrication du papier peint se développa

(1) Dictionnaire de FURETIÈRE (ou de *Trévoux*). La première édition est de 1690.

dans des proportions jusque-là inconnues. A Paris, Réveillon fut le premier manufacturier qui fit, en grandes quantités, ces tentures économiques. Sous Louis XVI, son établissement était installé au faubourg Saint-Antoine, dans l'ancienne propriété dite de la Folie-Titon ; elle occupait quatre cents ouvriers. La porte d'entrée était d'aspect monumental et, par privilège spécial, surmontée d'un écusson aux armes de France, la fabrique ayant été déclarée manufacture royale en 1784. Les premières violences de la Révolution éclatèrent dans cet établissement qui fut pillé et incendié le 28 avril 1789, sur le bruit que Réveillon, l'un des trois cents électeurs du Tiers-Etat, avait déclaré que les ouvriers gagnaient trop et qu'il fallait réduire leurs salaires à quinze sous par jour. Réveillon accusa un prêtre, secrétaire du comte d'Artois, d'avoir organisé cette émeute.

Les papiers peints se fabriquèrent longtemps à la main. L'introduction des machines dans cette industrie, donna lieu, en 1832, à une autre émeute qui fut difficilement réprimée.

*
* *

Ce ne sont pas là les seuls événements tragiques auxquels furent mêlés les peintres et les artisans des métiers qui touchent à leur industrie.

Un peintre en bâtiment du nom de Lasne était commandant de la garde nationale de la section des Droits de l'Homme et l'un des deux gardiens de la Tour du Temple lors de la mort fort discutée de Louis XVII (ou de l'enfant qui le remplaça) (1). Lasne était un homme sûr ; fait prisonnier dans la lutte de thermidor, la Convention lui avait fait l'honneur de réclamer son élargissement, par décret.

Le pouvoir municipal de Paris, remplaçant l'ancien Bureau de la Ville (2), était formé d'électeurs qui nommaient les députés et leurs suppléants, les hauts-jurés, les curés, les procureurs et juges, l'accusateur public, etc. Parmi les membres de cette assemblée, nous remarquons, en 1791, les peintres en bâtiment dont les noms suivent :

Docaigne, de la section de la place Royale, commissaire civil de sa section, acquitté plus tard par le tribunal révolutionnaire ; Dumont et Mathis, de la section des Quatre-Nations ; Duter, notable-adjoint de la section de Bondy ; Mollard, de la section de Bonne-Nouvelle, volontaire de la 5e compagnie du bataillon de cette section ; Mouchet, de la section de l'Ile Saint-Louis, juge de paix

(1) 8 juin 1795.

(2) Ce bureau était composé du Prévot des marchands, de 4 échevins et de 25 conseillers ; ses fonctions cessèrent le 14 juillet 1789.

et volontaire du bataillon de Saint-Louis en l'Ile ; Royer, de la section du Luxembourg ; Tonnelier, de la section du Faubourg Montmartre.

*
* *

Les armoiries des anciennes corporations des peintres et des vitriers, enregistrées par Ch. d'Hozier, garde de l'Armorial de France et qui sont représentées en tête de ce chapitre, sont ainsi désignées : 1° *pour les peintres* : d'azur à trois écussons d'argent 2 et 1 et une fleur de lys d'or en abîme ; et, 2° *pour les vitriers ;* d'argent à une fasce en devise alaisée de sable, accompagnée de trois losanges d'azur, deux en chef, et un en pointe. Ces losanges représentent des vitres.

*
* *

Dans la première partie de son livre très estimé, intitulé *Histoire de l'industrie française et des gens de métier*, Alexis Monteil nous donne, sous forme de résumé écrit par un moine du XIVe siècle : frère Aubin, une idée exacte de la situation industrielle à cette époque où, seul, des trois ordres de l'Etat, le clergé pouvait faire pareille œuvre d'observation et de recherches.

Dans cette nomenclature des métiers, nous

relevons celui des doreurs, à propos desquels Monteil s'exprime ainsi, en faisant parler frère Aubin :

« J'entre dans une église, je vois un autel de planches, un rétable de chêne, des colonnes de hêtre, des saints de peuplier ; je reviens quelques jours après, je trouve cette église toute brillante d'or. Il a suffi d'une légère couche d'apprêt passée sur les boiseries, d'un peu de mercure et d'un peu d'or, moindre qu'une petite amande. Le battage de l'or en feuilles est un miracle ; la dorure un autre miracle. *Dare aurum*, par contraction *deaurare*, dorer, d'où l'on a fait doreur. »

C'est le peintre-imagier qui a passé par là, entre les deux visites de frère Aubin. Cet artisan suivait les traditions romaines de son métier : il employait donc les procédés du temps de Vitruve ou de Pline, dont les moines avaient trouvé l'indication dans les ouvrages de ces écrivains. Depuis l'usage de la peinture à l'huile, la dorure n'est plus appliquée au mercure.

Les vitriers ont aussi leur page dans cet excellent livre et la voici :

« J'ai souvent envié aux riches le plaisir de voir tomber la neige, les frimas, à travers les fleurs, les moissons, les fêtes de l'été, peintes sur leurs vitres. — C'est un bel art que celui du vitrier : voyez comme avec ses rubans de plomb, il unit les divers morceaux de verre ! Il rassemble, il fixe dans ces panneaux les diverses parties des belles scènes qu'a dessinées le peintre. Et voyez comme il lie à des barres de fer ses panneaux destinés à braver les saisons et les tempêtes ! — Les vitres peintes sont un objet d'apparat et de magnificence qui n'appartient guère qu'aux temples, aux palais, tout au plus aux maisons des grands seigneurs. Les vitres en verre blanc, à carreaux losangés siéent bien aux bourgeois : mais qu'ils n'y mettent ni médaillons, ni chiffres, ni bordures, car j'aimerais autant leur voir attacher des éperons d'or à leurs souliers cloutés. — Le pied carré de verre se vend trois sous. — Vitrier, vitre, *vitra.* »

Et plus loin, au chapitre de la bannière de Saint-Marc qui abritait les verriers et les vitriers, Monteil fait parler ainsi Maitre Hardouin, orfèvre et dignitaire de sa communauté, au XVe siècle :

« Ce qui répond le mieux que tout aux chagrins censeurs des mœurs actuelles, ce sont les portes vitrées, les huis enchassillés, qui remplaçent, dans les beaux appartements, les portes épaisses derrière lesquelles toutes sortes d'actions demeuraient cachées. Personne, je pense ne blâme ou n'ose blâmer les nouvelles portes ; mais les nouvelles vitres blanches à légères verges de fer excitent les regrets des admirateurs du temps passé ; ils redemandent les anciennes vitres jaunes, vertes, bleues, rouges. Toutefois, le bon bourgeois qui aime son patron en voit mieux l'image au milieu du verre blanc : le bon gentilhomme qui aime ses armoiries en voit bien mieux, au milieu du verre blanc, les nobles couleurs. La nature ne fait pas des prairies de fleurs ; elle sème des fleurs dans les prairies. Nous avons élégamment semé dans le verre blanc, le verre de couleur. Les anciennes vitres interceptaient la pureté et l'éclat du jour : de là cet universel changement voulu par un siècle qui, avant tout et en tout, veut la lumière. Les vitres sont devenues aujourd'hui plus communes, mais les vitriers sont devenus plus nombreux ; car il est passé, depuis près de cent ans, le temps où, dans son château de Montpensier, la duchesse de Berry ne savait s'il était minuit, s'il était midi, parce que « *les chassitz de ses fenestraiges étaient des ensires de toille sirée par défoult de verrerie.* »

Cependant, l'apprentissage des vitriers, d'ailleurs fort long, est toujours terminé par un an d'exercice chez un des jurés ; cependant leurs frais de réception sont de huit livres, payées en partie au tronc de la confrérie, en partie à la bannière militaire. Cependant, il faut que pour neuf deniers, pour un sou au plus par carreau ou losange, ils nous donnent du plomb de bonne qualité, avec soudure des deux côtés ; il faut surtout qu'ils ne vous donnent *aucune* losange faite de deux triangles ajustés, encore moins de plusieurs morceaux de verre plombés. Qui maintenant veut être vitrier ? »

On voit, par ce passage, que le vitrier était alors un véritable artiste : il ajoutait, de plus, à son métier, la fabrication des lanternes dites *de rue* ou *de salles*, les *lustres suspendus*, composés de deux traverses de bois assemblées en croix, les porte-flambeaux de bois et de verre, etc., etc. Les pièces qu'il éclairait de ses vitres étaient les *chambres verrées;* les fenêtres qu'il vitrait devenaient des *verrières.*

C'était lui qui mettait en plomb les vitraux de nos cathédrales ; ils furent précédés des verres de couleur dont Monteil vient de parler; au XIVe siècle, ces verres jaunes, bleus, rouges, étaient très répandus. Le verre rouge était le moins commun, parce que son prix était très élevé.

* * *

Au XVIIIe siècle, le peintre n'est pas considéré comme un artisan vulgaire, mais bien comme un artiste. Aussi son industrie n'est-elle pas comprise dans les règlements de police de Louis XIV. Du moins, elle ne figure pas dans le « Traité de la Police de Delamare, Conseiller-commissaire du Roi au Châtelet de Paris », ouvrage dans lequel on trouve les ordonnances concernant les ouvriers des métiers ou tout au moins, un résumé de ces documents jusqu'à 1738, année de la publication du dernier des quatre volumes de cette œuvre importante, inspirée et contrôlée par le président Lamoignon.

Armoiries des vitriers. — Enregistrées à l'*Armorial général*, par ordonnance du 26 septembre 1698 (1)

CHAPITRE II

XIIIe ET XIVe SIÈCLES.

Premiers statuts et règlements des peintres et tailleurs d'images (1258-1391). — Les peintres-imagiers et en bâtiment à Paris et en province; comptes et salaires. — Un marché d'entreprise de peinture passé par-devant le prévôt de Paris en 1320. — La vitrerie.

Le premier document officiel que nous enregistrons est extrait du *Livre des Métiers*, (2) recueil

(1) D'Hozier, *Armorial*, texte XXV, f. 540.

(2) Le véritable titre de ce recueil est celui-ci : « L'Establissement des Mestiers de Paris. »

de règlements réunis en 1258 sur l'ordre de saint Louis, par le prévôt des Marchands Etienne Boyleaux qui assembla les chefs des métiers parisiens, jurés et prud'hommes, et les interrogea sur les usages et coutumes de leur profession. Leurs déclarations et les observations qu'ils soumirent à ce magistrat révélé par l'histoire comme un homme de probité sévère et de grande loyauté, furent mises en ordre sous forme de statuts ; cent un métiers eurent dès lors des règlements dont chacun des articles, après examen et débats, avait été accepté par leurs mandataires.

Ces statuts peuvent être considérés comme représentant la législation ouvrière française au XIIIe siècle parce que, sauf quelques conditions spéciales aux localités, toutes les provinces de France adoptèrent l'œuvre d'Etienne Boyleaux qu'elles considérèrent comme excellente au double point de vue de la protection du producteur honnête et loyal et du consommateur, de l'acheteur, dont la confiance ne doit pas être trahie.

C'est ce qu'indique clairement l'un des paragraphes du préambule du *Livre des Métiers* dans lequel Etienne Boileaux s'exprime ainsi, après avoir indiqué la méthode qu'il a employée et les sujets qu'il traite :

« Ainsi nous avons fait, pour le profit de tous et surtout pour les pauvres et les étrangers qui viennent à Paris acheter des marchandises, afin que cette marchandise soit si loyale qu'ils ne soient point déçus par sa mauvaise qualité. Nous l'avons fait aussi pour ceux qui, à Paris, doivent ou ne doivent pas certaines coutumes et principalement pour châtier ceux qui, par convoitise d'un vilain gain ou par ignorance, réclament ce qui ne leur appartient pas, contre Dieu, tout droit et raison. » (1)

***

Nous avons vu plus haut que les sculpteurs et les peintres étaient si intimement liés, au XIIIe siècle, qu'ils ne formaient qu'une seule corporation ou plutôt pour rester dans les termes usités autrefois « qu'une seule communauté ». Mais, comme leurs professions offrent des différences notables, tout en concourant toutes deux à l'ornementation des édifices, leurs statuts furent divisés en deux titres. Le premier concerne les imagiers-

(1) Traduction, en français moderne, du vieux texte. C'est celle que nous avons donnée dans ARTISANS FRANÇAIS. LES SERRURIERS, p. 63.

tailleurs de Paris et ceux qui taillent les crucifix, et ce sont les sculpteurs; le second est « le titre des peintres et tailleurs d'images ». On pourrait justement penser qu'il y a là un double emploi, mais en considérant les choses de plus près, on reconnaît que les imagiers-tailleurs fabriquent plutôt les petits ouvrages de piété et que les peintres et tailleurs d'images s'occupent d'œuvres plus importantes. Néanmoins, les deux titres se complètent et certains articles de l'un d'eux qui ne sont pas répétés dans l'autre, sont applicables certainement aux deux catégories d'artisans réunies.

C'est ainsi que les imagiers-tailleurs se soumettent, par l'article VI de leurs statuts, à l'obligation de ne point prendre un apprenti si le maître n'a déjà lui-même travaillé pendant sept années chez un autre maître de son métier. Ils doivent prêter serment, à ce sujet, devant les prud'hommes de la communauté. « Et cela a été ordonné et établi par les prud'hommes du métier, pour la raison de ce qu'il ne leur semble pas qu'un homme fut suffisant à apprendre le métier à un autre s'il ne l'a appris au moins pendant le temps devant dit ». Cette sage prescription, ainsi que celle de la durée de l'apprentissage, qui est de dix ans, était certainement applicable aux peintres, dont nous allons maintenant donner les statuts, avec la traduction du texte ancien en français moderne.

TEXTE DU LIVRE DES MÉTIERS, SUIVANT LE MANUSCRIT DE LA SORBONNE.

Le tiltre des Paintres et Tailleurs d'Ymages

I

Il puet estre Paintres et Tailleres-Ymagiers a Paris qui veut, pour tant que il ouevrece aus us et aus coustumes du mestier et que il le sace faire. Et puet ouvrer de toutes manieres de fust, de pierre, de os, de cor, de yvoire, et de toutes manieres de paintures bonnes et leaus.

II

Quiconques est Ymagiers-Paintres a Paris, il puet avoir tant de vallès (1) et de aprentiz comme il li plaist, et ouvrer de nuiz quant mestier li est.

III

Nus Ymagiers Paintres ne doit coustume nule de chose que il

TRADUCTION EN LANGAGE COURANT, SE RAPPROCHANT DU MOT-A-MOT.

Le titre des peintres et tailleurs d'images

I

Il peut être peintre et tailleur imagier, à Paris, qui veut, à la condition qu'il travaille suivant les usages et coutumes du métier et qu'il le connaisse suffisamment. Et il peut travailler de toutes manières le bois, la pierre, l'os, la corne, l'ivoire et aussi de toutes manières de peintures bonnes et loyales.

II

Quiconque est imagier-peintre à Paris, peut avoir autant d'ouvriers et d'apprentis qu'il lui plaît et travailler de nuit, quand le travail l'exige.

III

Nul imagier-peintre ne doit l'impôt de coutume sur les mar-

(1) *Valet:* c'était l'ouvrier d'autrefois; le domestique était désigné sous le titre de *valet à servir.* (Taille de 1292.)

vende ne achatece apartenant a son mestier.

IV

Li Ymagier Paintre sont quite del guet, quar leurs mestiers les acquite par la reison de que leurs mestiers n'apartient fors que au service de Nostre Seingneur et de ses Sains et a la honnerance de Sainte Yglise.

V

Nus Ymagiers Paintres ne doit ne ne peut vendre chose pour dorée, de la quele li ors ne soit assis seur argent. Et se li ors est assis seur estaim et il le vent pour dorée sans dire, l'œuvre est fause; et doit li ors et li estaims et toutes les autres couleurs estre gratées tous hors; et cil qui tele ouevre aura vendue pour dorée le doit faire tot de nouvel bone et leal, et le doit amender au Roy par le leau jugement au prevost de Paris.

VI

Se Ymagiers Paintres assiet argent seur estaim, l'ouevre est fause se elle ne li est commandée au faire ou il ne le dist

chandises et objets de son métier qu'il achète.

IV

Les imagiers-peintres sont quittes du guet, car leur métier les en exempte, parce qu'il n'appartient qu'à Notre Seigneur et à ses Saints et à l'honorance (1) de la Sainte Eglise.

V

Nul imagier-peintre ne doit ni ne peut vendre un objet doré si la dorure n'est pas appliquée sur argent. Et si l'or est appliqué sur étain et qu'il vende l'objet sans dire de quelle façon il a été doré, l'œuvre est défectueuse et il doit enlever, en les grattant, l'or, l'étain et les couleurs; et celui qui aura vendu un objet ainsi doré, le doit refaire entièrement de façon bonne et loyale et il paiera l'amende au roi, suivant le loyal jugement du prévôt de Paris.

VI

Si l'imagier-peintre applique l'argent sur étain, l'œuvre sera défectueuse, à moins que le travail ne lui ait été ainsi com-

(1) Ce néologisme nous a semblé nécessaire pour bien rendre l'expression du texte dans la traduction.

au vendre. Et se il le vent sans dire, l'ouevre doit estre gratée et refaite bone et leaus, et amender au Roy en la maniere devant devisée.

mandé ou qu'il ne l'ait déclaré tel en le vendant. Et s'il vend l'objet sans faire cette déclaration, il le grattera et le réargentera de façon bonne et loyale et il paiera l'amende en la manière ci-dessus indiquée.

VII

Nule fause ouevre del mestier devant dit ne doit estre arse, pour les reverances des Sains et des Saintes en qui ramenbrances elles sont faites.

VII

Nulle œuvre défectueuse du métier susdit ne doit être brûlée à cause du respect que l'on doit aux Saints et aux Saintes, en souvenir desquels les objets ont été faits.

VIII

Li preud'ome Ymagier Paintre doivent la taille et les autres redevances que li autre borgois de Paris doivent au Roy.

VIII

Les prud'hommes imagiers-peintres doivent la taille et les autres redevances que les autres bourgeois de Paris doivent au roi.

Ce règlement semble ne concerner que les ouvriers qui peignaient, doraient et argentaient les statues, les bas-reliefs et les objets décorant les églises, y compris, par exemple, les autels, les tabernacles, les reliquaires, etc., etc. A première vue, il est évident que ce peut-être là l'opinion générale. Et cependant, c'est le contraire qui est la vérité.

Le peintre imagier du XIIIe siècle, celui visé par le règlement d'Étienne Boyleaux que nous venons de reproduire, était bien l'ouvrier qui recouvrait de ses peintures les grandes surfaces. On trouvera la preuve de cette affirmation à l'article XIV du document qui va suivre, où l'on voit l'imagier peindre « Chappelle sur mur, en église ou ailleurs. » (1)

Mais avant de reproduire cette sentence, nous devons expliquer les articles qui précèdent, afin de donner au lecteur un aperçu de la vie ouvrière au XIIIe siècle.

Si l'article premier indique que l'on peut être peintre et tailleur d'images *quand on le veut*, c'est qu'il y a là une exception à la règle commune. En effet, les métiers s'achetaient du roi ou de son représentant et les quelques professions qui échappaient à cette condition étaient considérées comme très privilégiées. On les désignait sous le titre de *métiers francs*. On pouvait les exercer *franchement*, c'est-à-dire sans payer de droits.

L'article 2 indique que l'imagier-peintre pouvait avoir autant d'ouvriers et d'apprentis qu'il lui plaisait et ceci est encore une faveur, car, dans la plupart des métiers, l'apprenti était unique chez le maître qui, cependant, pouvait avoir, comme élèves supplémentaires, ses fils ou ses

(1) C'est la sentence du Prévôt de Paris de 1391. Voir ci-après, page 48.

beaux-fils « nés de loyal mariage » et quelquefois ses neveux.

Le nombre des ouvriers ou *valets* était aussi limité par chaque atelier, dans la majorité des professions.

Enfin le travail de nuit est permis au peintre-imagier. Or, dans presque tous les métiers, on ne pouvait « besogner hors la lumière du jour », parce que cela était préjudiciable à la perfection de l'œuvre.

L'article III constitue encore un privilège : c'est l'exemption, pour le métier, du paiement des droits ordinairement prélevés sur les ventes et les achats.

L'article IV, considérant que le métier ne s'adresse qu'à l'Eglise (il aurait été plus exact d'ajouter : « et aux princes, ainsi qu'aux gentils-hommes ») (1), le déclare dispensé du guet. Le peintre-imagier ne doit donc point ce service qui, pour les gens de métier, était obligatoire jusqu'à l'âge de soixante ans et comprenait la garde de nuit et la surveillance des rues, depuis l'heure du couvre-feu jusqu'au lever du soleil, moment où le cor du Châtelet annonçait la fin du guet. Trente-six postes ou corps de garde, étaient dissé-

(1) Le texte, dans le « titre des imagiers-tailleurs » est celui-ci : « *et aus princes et aus barons et aus autres riches homes et nobles.* »

minés, à cet effet, dans le Paris du temps du roi Jean. Le tour de garde revenait à peu près toutes les six semaines.

L'article VIII indique que les gens du métier doivent *la taille*, c'est-à-dire la contribution que les autres bourgeois doivent au roi. La taille était un impôt qui frappait le revenu, à raison du cinquantième.

Elle devait son nom aux réglettes de bois que l'on taillait d'encoches à chaque paiement de la somme due. Le registre de la taille de 1292 indique les noms de plusieurs peintres contribuables comme, par exemple, dans la rue de Richebourc (1), sur la paroisse Saint-Germain-l'Auxerrois, « Robert le paintre » qui paie trois sous d'impôt et « Baudoyn le paintre » qui est taxé à douze sous. A cette époque, la livre tournois valait seize de nos francs et le sou par conséquent, 80 centimes.

Enfin, il faut ajouter aux statuts qui précèdent, la défense, commune aux sculpteurs et aux peintres, de travailler les jours de fête; la valeur de l'amende qui frappe les contrevenants : elle est de dix sous parisis dont moitié à payer au roi et moitié à la confrérie, association religieuse de la

(1) Depuis rue du Coq ; aujourd'hui rue Marengo. Voyez aux notes, celle qui concerne la taille de 1292.

communauté, qui avait pour patron Saint-Luc, médecin et peintre. (1)

La communauté avait deux prud'hommes jurés, « assermentés de par le roy, lesquels le prévôt de Paris met, et oste à sa volonté ». Ces officiers de la communauté juraient, sur les saints évangiles, qu'ils garderaient bien et loyalement le métier suivant les règlements et qu'ils feraient connaître au prévôt, le plus vivement possible, les contraventions qu'ils découvriraient.

*
* *

En 1391, le prévôt de Paris, Jehan de Folleville, confirme et complète les statuts des peintres tailleurs d'images, sous la forme et le titre d'une sentence homologative. Voici, du reste, ce document que nous ne traduisons point en entier. Nous renvoyons aux notes de bas de pages lorsque le texte est obscur ou que les termes employés ne sont plus en usage.

SENTENCE DU PRÉVÔT DE PARIS DU 12 AOUT 1391. (2)

A touz seuls qui ces presentes letres verront, Jehan,

(1) Ou du moins, passait pour être peintre. Mais il paraît qu'on le confondit autrefois avec un peintre florentin du IXe siècle, nommé *Santo Luca*.

(2) Archives nationales. — Collection LAMOIGNON, III, 111. — Les Métiers de Paris, par DE LESPINASSE, II, 192.

seigneur de Folleville, garde de la prevosté de Paris, salut.

Scavoir faisons que... en presence des paintres et tailleurs d'images, congnoissans et expers oudit mestier et en confirmant, approuvant et ampliant (1) les ordonnances fectes sur ledit mestier, contenues et escrites ez-registres du Chastelet de Paris, desquels la teneur s'ensuit :

« Il peut estre paintres et tailleurs imagiers, etc., (2)

Avons fait et ordené certaines nouvelles ordonnances sur icelluy mestier contenant ceste forme :

I

Que nul ne soit reçeu oudit mestier pour estre maistre, ne (3) qu'il puisse ou doy a Paris ouvrer en la prevosté et viconté, ne qu'il tienne aprentis et soict franc, jusques a ce qu'il ayt faict ung chef d'œuvre ou experience, et qu'il soit tesmoigné suffisant par les jurez et gardes dudit mestier.

Les articles 2 à 4 ne concernent que les sculpteurs auxquels on recommande de ne tailler leurs images que dans du bois bien sec « pour ce que le mort bois est tout pourry et vermolu, et

(1) *Ampliant :* lisez amplifiant.

(2) Suit le texte des statuts d'Étienne Boyleaux que nous avons reproduit plus haut, en ce qui touche les peintres-imagiers.

(3) *Ne :* lisez ni.

ne pourroit souffrir estre gratté pour le paindre, se il en estoit besoing ». L'image de bois ne peut être « commancé à paindre, jusques a ce que les fentes et faultes soient bien emplies de boys a bonne gluz et retaille. »

V

Item, que nul ymager ou paintre ne commence a paindre aucun ymage, de quelque bois que il soit, ne en quelque maniere que ce soit, jusques a tant qu'il ayt esté seiché au fort à son droict et visité par les gardes du méstier.

VI

Item, quand on paindra lesdits ymaiges de bois, ils doibvent estre bien et suffisamment encoullez, et les fentes collez et puis blanchies a leur droict et paínctes de fines couleurs ; et ce qui debvra estre d'or soit de fin or ou d'argent bruny, et doré de tainete.

VII

Item, nul tailleur ne face aucun tabernacle a mectre *Corpus Domini*, ne aultres pour ymaiges, qu'ils ne soient taillez de bon bois et secq, et par especial, ceulx a mettre *Corpus Domini* doibvent estre dorez de fin or ou d'argent bruny, doré de taincte ; et a l'ordonnance accoustumée doibvent estre enverrés et fermans a clef, et doibt estre le verre assis et ouvré, et enclavé bien suffisamment.

VIII

Item, que nulles tables d'autel ne soient dorées que de fin or ou d'argent bruny, doré et tainctè : et ce que y sera de couleurs soit de fines couleurs ; et qui prendra vieilles tables a repaindre, il doibt toute la vieille paincture razer jusques au bois, et bien remplir les fentes et joinctes, et puis ouvrer ou paindre, comme dit est.

IX

Item, que nul painctre ou ymager ne prandra a repaindre aulcun viel ymage de bois, si le boys est vermolu et pourry, tellement qu'il ne puisse tenir cheville, se il en est necessaire.

L'article 10 concerne la sculpture sur pierre.

XI

Item. que nul ymaige de pierre ne soit paincte jusques a ce que premièrement l'ymaige ay esté veu et visité par les jurez dudit mestier, pour sçavoir s'il est bien et deuement fect; et après la visitation fecte, s'il est trouvé bien fect; soit bien et loyaulment emprins a huille, deux ou trois foys mys de blanc de plomb (1), ce qu'il en appartiendra; et ce qu'il en sera ordonné estre d'or, soit mis de bonne couleur et de fin or, et ce qui sera de couleurs soit fect de fines couleurs.

(1) On voit ici appliquer la peinture à l'huile et le blanc de céruse.

XII

Item, que nul ne mecte estain doré, ne blanc ne de couleurs, sur ymaiges de pierre, pour ce que c'est de faulse besongne.

XIII

Item, que nul sepulture de pierre, quelle qu'elle soit, seant en eglise ou ailleurs, ne soit paincte, qu'elle ne soit premièrement emprimée (1) en son droict deux ou trois foys a huille et painct de fines coulleurs et de fin or.

XIV

Item, que nul painctre ne paigne chappelle sur mur en eglise ou ailleurs (2), que aultres foys ayt esté paincte, que s'il y a estain ou enleveure vieille, que ce ne soict rez (3), car aultrement la besongne ne seroit pas bonne.

Item, que nul painctre ne paigne nulle chappelle ne mur (4) en eglise qui aultrefois ayt esté paint a destrampe, une foys, deux ne trois, que toutes les vieilles couleurs ne soient rayées tous jus (5), et bien se garder

(1) Lisez : *imprimée.*

(2) *Ou ailleurs :* cette dernière partie de la phrase établit bien clairement que le peintre-imagier ne travaillait pas que dans les églises.

(3) *Rez :* gratté à vif.

(4) *Ni mur :* le peintre en bâtiment est ici bien clairement indiqué et c'est cependant toujours du peintre-imagier dont il est question.

(5) *Rayées tout jus :* grattées à vif.

d'asseoir estain qui soit sur le mur, emprisé (1) ne collé, car c'est chose qui ne peut durer.

XV

Item, que nul painctre qui fasse drap de paincture a l'huille (2) ou a destrampe, se garde de ouvrer sur toille qui ne soit suffisante et forte, pour la paincture soustenir, et n'y face riens d'estaim, car il n'y vaut rien, soit à huille, ni a destrampe.

XVI

Item, que nul marchant, ouvrier ne aultre, ne puisse vendre a Paris aucune besongne faite hors du pays, soit en Allemagne ou ailleurs, comme ymaiges qu'ils portent a leur col, jusques a ce que la besongne soit visitée des gardes dudit mestier, pour ce que l'on en porte moult (3) souvent de faulces et de mauvaises qu'ils n'oseroient vendre en leur pays ; car les imaiges sont de mort bois et sont dorées de mauvais or, parce que riens ne vaut, et qu'ils deviennent tantost (4) tout noir par punaisié (5) et par pièce et specialement a Paris.

XVII

Item, que nul dudit mestier ne marchande besongne

(1) *Emprisé :* en relief ou en creux.
(2) Il s'agit ici d'une étoffe peinte pour servir de tenture.
(3) *Moult :* beaucoup, et ici : *très*.
(4) *Tantost* pour bientôt.
(5) Lisez : *pourriture*.

touchant communaulté, comme colleges, couvent et paroisses, ou autres besongnes dont la marchandise monte au dessus de cent sols ou de six livres, se ainsi n'est que bon cirographe où lettres soit faictz dudit marché et de toute la devise, tant de taille comme de paincture; lequel cirographe soit double, dont l'ouvrier aura l'un pour mieux faire son debvoir, et ceux a qui la besongne sera, l'autre; affin que si debat y avoit entre lesdites parties, que l'on eust resgard au dit cirographe et a la besongne, pour juger et adviser si l'ouvrier auroit faict son debvoïr ou non; et ou cas ou il ne l'aurait point faict, qu'il feust tenu de le refaire et amander selon la teneur dudit cirographe. (1)

XVIII

Item, quiconque mesprendra (2) en aucunes des choses dessus desclarées il payera vingt sols parisis d'amende pour la premiere fois et s'il est trouvé coutumier de mesprendre en ce que dit est, ou que l'on voie ou apercoive frauldes, malice ou mauvaisetié notable contre l'ouvrier, icellui ouvrier sera de ce puny d'amende volontaire, (3)

(1) Il s'agit ici d'un marché fait en double après devis et cette clause se trouve bien rarement dans les anciens statuts des métiers. *Cirographe* est ici pour *chirographe*, pièce écrite en double. A cette époque, la livre tournois valait environ sept de nos francs; la livre parisis, un quart de plus.

(2) *Mesprendre* : contrevenir.

(3) *Amende volontaire ou arbitraire* : à la volonté du juge. La punition pouvait être beaucoup plus forte et aller jusqu'aux peines corporelles.

ou autrement selon l'exigence du cas, et ainsy que nous verrons bon a faire pour raison, et nos successeurs; desquelles amandes le Roy aura la moictié, et les gardes-jurez dudit mestier, l'autre moictié pour leur peine, et pour ayder a chanter les messes de leur confrairie de monseigneur saint-Luc, evangeliste.

XIX

Item, que pour bien doresnavant garder ledit mestier, les ordonnances et les statuts d'icelluy, seront ordonnez et establis par nous et nos successeurs, prevosts de Paris, ou nos lieutenans, quatre preud'hommes d'iceluy mestier qui seront esleus par la plus grande et plus saine partie d'iceluy mestier.

En tesmoing de ce, nous avons faict mettre a ces lettres le scel de la prevosté de Paris. Ce fut fait le douziesme jour d'aoust, l'an de grace mil trois cent quatre vingt et onze.

Il est très intéressant, pour la communauté des peintres, de constater, d'après le document qui précède, que les prud'hommes (gardes ou jurés du métier) ne sont plus, comme au temps de Saint-Louis, à la discrétion du prévôt de Paris qui les nommait alors et les privait de leurs fonctions, à sa volonté. Ici, ils sont élus par la majeure partie de leurs confrères et ce fait a dû être considéré par la corporation comme une véritable conquête.

On sait que les jurés avaient pour mission la surveillance du métier; ils devaient exiger l'obéissance aux règlements, ainsi que la loyale exécution du travail; ils défendaient les intérêts communs, protégeaient au besoin le valet et l'apprenti contre les rigueurs et l'injustice des maîtres. Ils *gardaient le métier* et prêtaient serment de faire justice, « sans épargner parents ou amis et de ne jamais condamner à tort, soit par haine, soit par malveillance. »

Les jurés étaient nommés généralement pour deux ans; ils étaient en quelque sorte rétribués, puisqu'une partie des amendes leur était attribuée « pour leur peine. »

*
* *

Transportons-nous en province, en Artois, par exemple, et de préférence dans les châteaux de la petite-fille du bon roi saint Louis, le sage monarque auquel nous devons les premiers statuts de nos métiers. Nous y trouverons des peintres habiles qui ornent les demeures seigneuriales de Mahaut, comtesse d'Artois et de Bourgogne. Leurs comptes nous sont parvenus (1).

(1) Grâce à M. Richard, archiviste du Pas-de-Calais. Son ouvrage est intitulé : " *Mahaut, comtesse d'Artois et de Bourgogne* ". C'est une étude sur les Arts et l'Industrie de l'Artois, d'après les comptes privés de cette princesse.

C'est ainsi que nous voyons « Jehan le paingneur d'Esque » s'apprêter à travailler, en 1309, au château de Rihoult, dont les salles et les chambres doivent être teintes d'ocre jaune; sur ce fond uni sera peint « un carrelage d'un blanc trait fendu de noir »; le plafond, que l'on appelle « ciel », sera vert, et les poutres rouges. Au « pignon » de la salle, Jehan doit figurer « deux chevaliers joustans ». La chapelle doit avoir « un ciel vert, semé de rosettes d'estains »; les poutres seront rouges, avec une courtine pendante au-dessous (1), et, sous cette courtine, un carrelage simulé semblable à celui des salles. Sur le mur, derrière l'autel, se dressera l'image du roi saint Louis.

Voilà bien, et décrit clairement, le travail du peintre-décorateur-imagier des XIIIe et XIVe siècles.

Les comptes des ouvriers peintres de la princesse nous apprennent que leurs travaux étaient, pour la plupart, des peintures à l'huile de lin que l'on préparait avec les graines provenant de ses domaines. Les œufs et la colle employés pour d'autres ouvrages ne paraissent que rarement dans ces comptes.

Les couleurs se vendaient en poudre ou en pain, que l'on apportait dans des sacs de cuir; un

(1) *Courtines* : bordures, guirlandes.

apprenti peintre, payé de 3 à 6 deniers par jour, était occupé à les broyer et à les préparer. Voici leur désignation : *azur; brun d'Auxerre; blanc*, quelquefois désigné sous le nom de *blanc de plomb; mine*, ou minium; *brésil*, teinture rouge obtenue à l'aide d'un bois étranger; *vermillon; sinople*, autre rouge; *vert; inde*, teinte voisine du vert, mais que l'on en distinguait cependant; *orpiment*, jaune; *teinte*, sans doute une teinte neutre(1).

Si l'on y ajoute l'*or* et l'*argent*, les *vernis roux et blancs*, le *vernis coloré au safran*, que le peintre du commencement du XIVe siècle employait à Rihoult, on aura, à peu de chose près, la nomenclature des couleurs connues à cette époque.

* * *

Au château d'Hesdin, qui appartient à la même princesse, il y a des peintres à demeure qui, en 1295, sont payés 18 deniers par jour (2). En 1299, un peintre, qui paraît diriger les autres ouvriers, reçoit 2 sous. En 1340, un apprenti de 15 ans, qui broie les couleurs, reçoit 10 deniers par jour

(1) *Mahaut, comtesse d'Artois*, p. 325.

(2) A cette époque, la livre tournois vaut 16 francs, le sou 0 fr. 80, le denier près de 7 centimes. La puissance de l'argent était dix fois plus forte qu'aujourd'hui, dans ce pays d'Artois, car il fallait vivre et s'entretenir avec ce salaire journalier qui nous paraît si peu de chose. (1 fr. 18 de notre monnaie).

« pour maurre couleurs et aidier à repaindre les ymages des crestiaus »; devenu plus tard bon ouvrier, ce jeune homme, du nom de Vincent de Boulogne, est qualifié « peintre du château » et gagne aussi ses deux sous tournois par jour.

Les comptes du château d'Hesdin nous donnent des renseignements curieux sur le travail des ouvriers dont nous venons de parler. Ils peignent « la chambre as papegaux », c'est-à-dire aux perroquets, en se servant de patrons en parchemin pour représenter ces oiseaux en nombre sur la muraille; ils décorent d'étoiles d'étain la garde-robe de cette chambre; ils « impriment » de blanc et de rouge, le pignon de la chapelle. Les chambres de la comtesse sont décorées de roses, de fleurs de lis. Les images de pierre et de plâtre, le cadran solaire, sont peints et dorés; on lave et on entretient les anciennes peintures; on « reblanquit et quarelle ès hautes chambres »; on peint une draperie ou courtine; on répare la « salle as vignes »; on peint des lettres dans la chambre de madame et dans la chambre « aux chansons de Robin et de Marion ».

Les peintres du château sont donc un peu universels : l'attribut, la lettre, la dorure sont pratiqués par eux, aussi bien que le travail ordinaire. Les armoiries sortent de leurs mains; ils peignent et dorent des selles, des chars, des bannières, etc.

Puis l'alarme est au château; au lendemain de la défaite de Crécy, ils prennent les armes, et l'on voit l'un d'eux, Vincent de Boulogne, déjà nommé, à la tête de neuf soldats « de pied ».

Mais les bons serviteurs sont largement récompensés par les maîtres du château, qui se plaisent à leur faire une part dans leurs libéralités. C'est ainsi qu'en 1320, Jacques le peintre reçoit en don une belle robe de « drap souciet », c'est-à-dire de couleur jaune d'or.

Deux marchands de couleurs, Robert Aurri et Margot, sa femme, envoient leur compte, en 1304, au bailli d'Hesdin, et le voici, traduit en français de nos jours (c'est un mémoire ou facture qui est loin de ressembler aux nôtres) :

« A honorable homme et sage, notre cher seigneur aimé, monseigneur Robert du Plessis, bailli d'Hesdin, R. Aurris et Margot sa femme, salut et tant que nous pouvons de bon amour.

« Sire, nous vous envoyons vingt livres de vert à 3 sous la livre, mais il est bon, et 30 livres de blanc et 10 livres de minium de 16 deniers la livre, et une livre de bon azur de 20 sous, et une livre d'azur de 10 sous et 12 sous pour demi-livre de bon sinople, et 2 livres de vermillon de 6 sous la livre et 6 livres de brun d'Auxerre (1) de 4 de-

(1) Sic : *brun d'Auchoirre.*

niers la livre et 21 sous pour 6 douzaines d'étain doré et 2 sous pour une douzaine de blanc étain et 4 livres de roux verni de 16 deniers la livre et 2 livres de blanc verni de 2 sous la livre et 4 livres d'huile de lin (1) de 10 deniers la livre, et pour demi-cent de fin or 12 sous. »

Les marchands ajoutent à ces sommes le montant des droits et le prix du transport. « Somme toute », disent-ils, « pour toutes ces parties, 11 livres et 8 sous et 8 deniers envoyés en Hesdin, au château de madame d'Artois, le jour après la saint Pierre et saint Paul »; et ils terminent en sollicitant le paiement de ce compte.

*
* *

Le peintre-imagier et en bâtiment est bien caractérisé par « Maistre Simon le pagneur » (2), qui, en 1300, peint une chapelle à Aire-les-Lys. Il a fait un marché et on lui paie, « par pris fait, VII livres X sous, pour faire et paindre une nœve taulle (3) devant l'autel de la capiele (4), et une autre descure l'autel, pour y fixer les imagenes (5)

(1) Sic : *ole de linis.*

(2) Lisez : *Simon le peigneur*, le peintre.

(3) Toile, tableau nouveau.

(4) Chapelle.

(5) Images.

d'entour le capiele, le chiel (1) et le lambrusiet par dehors (2).

Il en est de même de Robert de Rebreuve et de Jehan Acart, deux peintres artésiens associés, qui au château de Lens, emploient, en 1307, les deux procédés de peinture à la colle et à l'huile en peignant les « lambourdes » (3) de couleur « vermelle » dans une chambre, et « verde estincelée de fin or », dans l'autre chambre. Une rangée d'écus armoriés, les murailles blanchies et divisées par carreaux, une « histore (4) et par dessous l'histore, de vert a ole (5), et sur le vert estincelé de fin or » ; le porcet de la salle par devant blanchi et carrelé en détrempe; voilà le travail de ces deux artisans qui, en y comprenant des « chevaliers joustans » (6), représentés « au pignon de la salle », font marché du tout pour cent livres parisis dont ils reçoivent les deux tiers d'avance. C'était une somme importante pour le temps, si l'on considère qu'il ne s'agit là que de deux chambres à peindre et à décorer.

(1) *Le ciel.* Il ne faut pas oublier que ceci se passe en Artois, où, comme en Picardie, on faisait abus du *ch*.

(2) Lambris extérieur.

(3) Les *lambourdes* sont ici les poutres apparentes des salles.

(4) Représentation historique, scène composée de personnages.

(5) *Ole* : huile.

(6) *Chevaliers joustans* : chevaliers qui joûtent, qui combattent.

Le Clokemacre et Colart de Closclamp sont encore des peintres habiles à tout faire des ouvrages de leur métier. Le dernier jaunit et carrèle les murs, c'est-à-dire les peint en jaune et les divise en compartiments, met en couleurs verte et vermeille les poutres et les boiseries, « estoffe de fin or » les statues, orne de diadèmes les douze apôtres, « fait quatre evangélistes de painture ès quatre bras d'une croix, appareillés bien et suffisamment de couleur a ole (1), les deademes et les parures dorées » ; ce dernier ouvrage lui est payé soixante sous.

De leur temps, Mathieu Bérart blanchissait les murs et peignait des poutres de plafond au château de Bellemotte, et comme c'était encore un homme à tout faire, il avait deux cordes à son arc. Et l'on ajoutait, à son titre de « paigneur, maître blanquisseur » (2), celui de tueur d'araignées et de mouches » qui lui est conféré dans le compte ci-dessous :

« A Mahieu Bérart, le maistre blanquisseur, tueur d'araignes et de moukes, pour enduir et blanquir les II grans cambres (3) monseigneur le duc, la haute et la

(1) Huile.

(2) Peintre en couleur blanche.

(3) Lisez : *chambres de...*

basse, et les Cambres de la tour quarrée et ailleurs en plusieurs leux (1), par (2) 66 jours, 18 deniers par jour... »

*
* *

Les comptes de la comtesse d'Artois nous font encore connaître deux artisans remarquables ; le premier est un peintre-imagier parisien qui, dans la taille de 1292, dont nous avons parlé, demeure dans « la grant rue », paroisse de Saint-Eustache et est taxé à quatre sous. Il se nommait Evrard d'Orléans. De 1317 à 1319, on le voit peindre une chapelle et des galeries à Conflans et sculpter une croix et une image. Or, cette « ymage » n'était autre que la statue ou la statuette de Robert II, comte d'Artois. Evrard avait autrefois fait des travaux de peinture dans le palais de Philippe-le-Bel.

Le second de ces ouvriers est Pierre de Bruxelles, aussi peintre-imagier parisien qui, en 1320, fait le marché suivant, par devant le prévôt de Paris :

A tous ceus qui ces lettres verront et orront, Gile Haquin, garde de la prevosté de Paris, salut.

Sachent tuit (4) que pardevant nous, nous vint en

(2) Lisez : *lieux*.

(3) Lisez : *pour*.

(4) Lisez : *tous*.

jugement en propre personne Pierre de Broiselles (1), paintre, demourant a Paris, recognut et confessa en droit, de sa bonne volonté, sans contrainte, avoir fait marchié à très haute, très noble, et très puissant dame, madame la comtesse d'Artois, de paindre et faire paindre a ses couz (2) propres unes galeries que ladicte madame la Contesse a en sa meson de Conflans, bien et loyaument a son pouoir (3), en la forme et maniere que cy-après s'ensuit.

Premierement, le champ des ymages, de plonc (4) le plus fin que l'on pourra trouver ; et sera l'image du conte d'Artois, en tous lieuz ou il sera, armoiez des armes dudit conte ; et les autres ymages des chevaliers, nuez de plusieurs couleurs, et leurs escuz, en lieu ou ils apperront, seront armoiez de leurs armes, et enquerra l'en que les armes ils portoient ou temps qu'ils vivoient ; et les galies, nez et vessiaux de mer (5), armées de genz d'armes, et lesdiz vessiaux faiz selonc ce qu'ils sont en mer, en la meilleur maniere que il pourront estre faictes en peinture. Et fera ledit Pierres une lite (6) tout entour ces choses, et dessus lesdiz ymages aura lettres qui deviseront par brieve compilacion le fait de l'estoire (7) com-

(1) Lisez : *Bruxelles.*
(2) A ses frais.
(3) A son pouvoir.
(4) Blanc de plomb : céruse.
(5) Lisez : *galères, nefs et vaisseaux de mer.*
(6) *Lite* : bordure, champ.
(7) Lisez : *l'histoire.*

ment ledit conte jeta pieça (1) les deux bariz de vin en la fontaine, et ainssi sera fait l'un des pingnons (2) de ladite galerie. Et lesdiz chevaliers auront hyaumes, haubers et espées selonc ce qu'il appartendra d'armeures, fais d'estain, aussi comme d'or et d'argent. Et en l'autre pingnon de ladite galerie sera fait ce que ladite dame voudra. Et dessouz la lite en venant au siège (3), de vert quarrelé de blanc refendu de vermillon. Et seront les piliers de ladite galerie vermeils de mine et de fleurs de liz d'estain aussi comme argent. Et fera ledit Pierres sous la lite, se il plest miex (4) a ladite dame, courtines ou fenestrages a arches (5). Et fera tant d'ymages et d'estoires ès dites galeries comme il est contenu en roole (6) qui est pour droit dudit Pierre. Et seront toutes ces choses faictes a huille et des plus fines couleurs que l'on pourra, si comme ledit Pierre le confessa devant nous. C'est assavoir : pour le pris de quarante huit livres parisis fors (7), desqueles ledit Pierres confessa avoir eu et reçeu de ladite madame la contesse, par les mains mestre Etienne son tresorier, seize livres parisis fors, et s'en

(1) *Pieça* : il y a long-temps.

(2) Lisez : *pignons.*

(3) A la hauteur du siège.

(4) Lisez : *mieux.*

(5) Bordures, guirlandes, arcades.

(6) C'est le devis descriptif.

(7) A cette époque, la livre tournois valait 13 fr. 40. La livre parisis un quart de plus, soit 16 fr. 75.

tint a bien poie (1) par devant nous. Et le remenant (2), ladite madame la Contesse li sera tenue de rendre et poier, en faisant ladite besogne (3). Et promist ledit Pierres pardevant nous par son serment a bien et loyaument faire, en la maniere que dit est, les choses dessus devisées et a rendre et poier touz couz et dommages que l'on auroit en ce cas par sa deffaute (4). En obligeant (5) quant a ce, a ladite madame la contesse, soy, ses hoirs (6), touz ses biens et de ses hoirs, meubles et non meubles, presenz et avenir, a justicier pār toutes justices pour ces lettres du tout enteriner.

En tesmoing de ce, nous avons mis en ces lettres le seel (7) de la prevosté de Paris, l'an mil CCC et vint le vendredi avant la feste de la Nativité Saint Jehan Baptiste.

Pierre de Bruxelles peignit aussi les pavillons de Conflans « dedens et dehors. »

*
* *

Nous avons parlé, dans le chapitre qui précède, du vitrage des chassis de fenêtres. Nous trouvons

(1) Lisez : *payé*.
(2) Lisez : *et le surplus*.
(3) C'est-à-dire : après avoir achevé le travail.
(4) Lisez : *par sa malfaçon ou défaut d'exécution*.
(5) Lisez : *en s'obligeant*.
(6) *Hoirs* : héritiers.
(7) Sceau, cachet.

toujours dans les comptes de la comtesse d'Artois, divers documents qui concernent les travaux de cette nature d'ouvrages. Les vitres employées sont de « verre blanc ou de « verre peint d'imagerie. » Le verre blanc vaut douze deniers le pied en 1299, tandis que le verre peint vaut deux sous (1). En 1310, les ouvriers verriers, ou plutôt vitriers, reçoivent 3 sous et 6 deniers par jour, y compris leur valet (2).

A Paris, c'est le verrier Jehan de Seez, qui travaille à l'hôtel d'Artois ; il y pose des « verres vignetés » à raison de 2 sous 6 deniers et de 3 sous le pied et les verres blancs nécessaires qu'il fait payer à raison de 2 sous 6 deniers. Guillaume Doucet, demeurant rue de la Verrerie, lui succéda. Ce fut l'un ou l'autre de ces artisans qui travaillèrent à l' « ostel de Sire Mille Baillet, en la Voirrie ou l'on fait voirières ; si y avait des voirières (3) autant qu'il y a de jours en l'an », comme le déclare Guillebert de Metz (4).

Tous les verres qui figurent dans ces vieux documents sont mis en plomb. Il est souvent ques-

(1) Valeur de la livre tournois : 16 francs.

(2) Valeur de la livre tournois : 13 fr. 40. Ici *valet* doit s'entendre *aide*.

(3) Lisez : *verrières*.

(4) Écrivain du xve siècle, déjà cité, auquel on doit une *Description de la Ville de Paris*.

tion de ce métal et d'étain dans les comptes. C'est ainsi qu'en 1343, « Jehan as Coquelés », ouvrier de Béthune, pose à façon, au château d'Aire, une assez grande quantité de verres, par marché et à la tâche. Il doit tout trouver sur le lieu de son travail : « voirre, plonc, estain, carbon, fors fer et clev (1). »

*
* *

Les vitriers ou voirriers (de *voirre*, ancien nom français du verre, qui se prononçait *vouère)*, ne sont pas constitués en corporation jurée au moyen-âge, comme l'indiquent les lettres patentes de Louis XI que nous reproduisons plus loin. Elles reconnaissent que ces ouvriers n'ont eu, jusqu'en 1467, « aucun statut et ordonnance » mais qu'ils « ont vescu sans ordre et police. » Ils étaient au nombre de dix-sept à Paris, en 1292.

(1) Lisez : *verres, plomb, étain, charbon, hors les fers et les clous.* Les fers sont les tringlettes qui consolident les vitres.

Jeton de l'Académie de Saint-Luc, dont faisaient partie les maîtres peintres et sculpteurs (1).

CHAPITRE III

XVe ET XVIe SIÈCLES

Lettres patentes de Charles VII (1431). — Les peintres dans la milice bourgeoise (1467). — Premiers statuts des vitriers (1467). — Confirmations des statuts et des privilèges de peintres par Henri II (1548 et 1555). — Nouvelle confirmation par Henri III (1582). — Les peintres-décorateurs à l'entrée de Charles IX dans Paris.

Le 3 janvier 1431, le roi Charles VII délivre les lettres-patentes suivantes, par lesquelles il exempte son peintre, ceux de la même profes-

(1) La Minerve représentée sur ce jeton est la déesse qui présidait aux arts, aux inventions, à la pensée humaine. A Rome, les fêtes de Minerve étaient aussi celles des métiers ; toutes les corporations y prenaient part.

sion et les vitriers de toutes aydes, subsides, emprunts, subventions, guet et garde des portes (1).

Charles, par la grace de Dieu Roy de France, a notre amé et féal Messire Regnier de Boullagny, général et Conseiller par Nous ordonné sur le fait et gouvernement de nos finances, l'autre (2) en Languedoil et Languedoc, aux Capitaines des Villes et Chateaux et Places de Bourges que Angers, et aux Esleus, Receveurs et aux Collecteurs commis ou a commettre a l'impost, asseoir, cueillir, lever et recevoir les Aydes, Tailles, Subsides, Emprunts, Commissions ou autres subjections quelconques mis ou a mettre sur lesdittes Villes de Cotentin, Bourges, Angers, Orléans et ailleurs ; et a tous les autres justiciers de nostre Royaulme ou leurs lieuxtenans commis et députez, Salut et dilection.

Humble supplication de Henri Mellein a present demeurant à Bourges, contenant que combien qu'il ait tousjours continuellement obéi a sondit art en toutes les besognes qui nous sont necessaires, et encore est prest de faire et qu'a cause de ce qu'il est convenu a supporter plusieurs grandes peines, travaux, pertes, dommages, ce au moyen de sondit Art, et a tous autres de sa condition, par privileges donnez et octroyés par nos Prédecesseurs Roys de France, aux Peintres et Vitriers ont accoutumez estre francs, quittes et exempts de toutes tailles, aides, subsides, gardes de portes, guets,

(1) Collection Lamoignon, IV, 225.
(2) Sic.

arrière-guets et autres subventions quelconques ; néammoins il doute que vous Capitaines, Esleus, Receveurs, Collecteurs et autres desdits lieux de Bourges et d'ailleurs ou il ferait sa demeurance, de (1) vouloir contraindre sans avoir égard a ce que dit est, a contribuer ausdites aydes et faire guet, arrière-guet, garde porte, comme l'un des autres qui ne sont pas de la condition dudit suppliant, ce qui seroit contre ses droits, franchises et libertez, et a son très grand prejudice et dommage, et plus pourra estre au temps advenir si sur ce, ne luy estoit par Nous pourvû de remede convenable ; si comme il requeroit humblement qu'attendu, comme dit est, la bonne volonté et intention qu'il a de soy toujours loyalement employer en nostre service audit fait de sondit Art, et aussi qu'a l'occasion de ce que dessus dont il est grandement endommagé ; et pour ce il nous plaist luy pourveoir de nostre remede sur ce. Pourquoy, Nous ces choses considerées, voulans ledit supplians et tous autres de sa condition estre preservez en libertez et franchises et en faveur des bons et agreables services qu'il Nous a fait et fait de jour en jour de sondit Art, et esperons que encore fasse a l'advenir ; iceluy suppliant avons eximé et franchisé, exempté, eximons, franchissons, et exemptons en tant que métier luy en seroit, de grace speciale et tous ceux de sa condition par ces presentes, de toutes Aydes, Subsides, emprunts, permissions, subventions, guet, arriereguet, garde des portes

(1) Le mot *le* est omis dans le texte.

et autres choses et service quelconque mis ou a mettre sur, en quelconque maniere et pour quelque cause que ce soit en nostre Royaulme.

Si vous mandons expressement, enjoignons a chacun de vous si comme de luy appartiendra, que de nostre presente grace, volonté et octroi, vous fassiez, souffriez et laissez ledit suppliant et tous autres de sa condition jouïr et user plainement et paisiblement sans peine luy faire, mettre ou donner, ne souffrir estre mis, fait, mis ou donné ores, ne pour le temps advenir, aucun empeschement ne destourbier (1) en corps ne en biens en quelconque maniere que ce soit au contraire; mais si aucun de ses biens ou choses estoient pour ce, pris et arrestez, saisis et empeschez, les luy mettre ou faire mettre tantost et sans delay en plaine delivrance, en la faisant rayer des papiers, rôlles et escritures de vos Esleus, Commissaires et Collecteurs dessusdits, et aussi de vous Capitaines, Lieutenans et autres Officiers qui auroient les gardes des Villes, Chasteaux, Forteresses ou ledit suppliant feroit demeurance. Car ainsi Nous plaist estre fait, et audit suppliant l'avons octroyé et octroyons par ces presentes de grace speciale, nonobstant quelconques Ordonnances, commandements ou deffences a ce contraire.

Et pour ce que ledit suppliant et tous autres de sa condition pourroient avoir affaire en plusieurs lieux du

(1) *Destourbier* : mettre obstacle, empêcher.

double de ces presentes. Nous voulons qu'au *Vidimus* (1) d'icelles fait sous le scel royal ou authentique, soit foy adjoutée comme au present original.

Donné à Chinon, le tiers jours de janvier l'an 1430 (2) et de nostre regne le 9. Ainsi, par le Roy, le mareschal de Saint Ovier, les sieurs de Cerisay et autres presens et allans : avec un paraphe.

Cette date rappelle l'un des évènements les plus douloureux de notre histoire. Jeanne d'Arc était, au moment même où ce document fut signé par le roi, prisonnière des Anglais. Le royaume était en péril : Charles VII n'était plus que le petit roi de Bourges et Henri VI d'Angleterre allait bientôt se faire sacrer roi de France dans Notre-Dame de Paris.

*
* *

En juin 1467, Louis XI ordonna que, dans Paris, « toutes personnes, de quelle condition et estat qu'ils fussent, depuis l'âge de seize juisques a soixante ans, qu'ils ississent hors de la ville en armes et habillemens de guerre ; et s'il y en avoit aulcuns qui n'eussent harnois, que neantmoins ils eussent en leur main un baston

(1) *Vidimus* : mention indiquant qu'un acte a été collationné sur l'original.

(2) Cette date répond à 1431, par suite de la réforme du calendrier.

deffensable et sur peine de la hart, et lors, issit hors de la Ville de Paris, la pluspart du populaire chascun sous son étendart ou baniere et estoient bien quatre vingt mille têtes armées (1). »

Il s'agit ici de l'organisation de la milice bourgeoise instituée par Louis XI pour la défense de la capitale. L'une des compagnies de cette sorte de garde nationale était composée des peintres-imagiers réunis aux verriers, aux chasubliers et aux brodeurs. Leur bannière était « armoyée et figurée d'une croix blanche au meillieu. » Saint-Luc, patron de la corporation y était représenté.

*
* *

C'est en cette année qu'apparaîssent les premiers statuts des vitriers, sous forme de lettre-patente octroyée par Louis XI, en date du 24 juin 1467. Le détail des ouvrages comprend la vitrerie ordinaire et celle des verrières.

Voici, du reste, cet intéressant document (2) :

Loys par la grace de Dieu Roy de France, à tous ceulx qui ces presentes lettres verront, salut.

Reçeue avons l'umble supplication de Françoys Le

(1) CIMBER. *Archives de l'Histoire de France*, I, 9.
(2) ARCHIVES NATIONALES et Collection LAMOIGNON, IV, 461.

Blanc, Fleurens de Hemond, Jehan Martin, Richart aux Boux, Robert Flanin, Jacob Marchant, Guillaume Goutier, Girard Boel et Philipot Fruitier, tous voiriers, faisans et representans la plus grant et seine partie de la communaulté des voirriers, residens et tenans leurs ouvrouers en nostre bonne Ville et cité de Paris, contenant comme par cy-devant n'a eu, ou (1) faict dudit mestier et science, aucun statut ou ordonnance ne (2) forme selon laquelle eulx ne leurs predecesseurs aient sçeu eulx conduire et governer, mais ont vescu sans ordre et police, usans chascun à son plaisir et voulenté et sans visitacion ou correction quelconques. Par quoy plusieurs faultes, abuz, fraudes et malices ont esté commises par aucuns qui s'en sont meslez ès temps passez, qui encore pullullent et croissent de jour en jour, tant en ce que plusieurs compaignons estrangers et autres qui oncques (3) ne feurent apprentiz dudit mestier et science, et par ce n'en peuvent riens sçavoir, se sont ingerez et entremis, et encore se ingerent et entremectent d'icellui mestier et science, et prennent des marchez touchant icellui a plusieurs bourgois, marchans et habitans de villes, a gens d'eglise et autres, prennent argent d'erres (4) qu'ils emportent sans faire ne encommancer la besongne, et les vitres rompent, despiecent,

(1) Lisez : *au*.
(2) Lisez : *ni*.
(3) *Oncques :* jamais.
(4) *Erres* : arrhes.

gastent et mectent mal a point les besongnes et ouvraiges qu'ils entreprennent, au grant prejudice d'ouvraige et lezion de la chose publicque, dont sourdent et adviennent plusieurs plaintes et doleances ausdits supplians pour reparer et mectre a point les ouvraiges mal faicts. Et ja soit ce qu'il y chet grand pugnition sur les abuseurs et malfaicteurs, toutevoyes estant ce comme dit est, n'y a quelque statut ou ordonnance oudit mestier et science, lesdiz supplians n'y ont peu ne pourroient donner remede ne corriger lesdiz abuz; parquoi iceulx supplians desirent vivre en bonne renommée et augmentent leur dit mestier et les ouvriers d'icelluy conduire en bonnes meurs et louenge du peuple et au prouffit du commun pour obvier ausdiz frauldes, abus et malices ; et affin que doresenavant les maistres et ouvriers dudit mestier et science vivent en ordre et police, comme ès autres mestiers de nostre dicte Ville, et que chacun d'eulx et leurs successeurs sachent comment ils se doibvent governer ou faict d'icellui mestier, nous ont humblement faict supplier et requerir qu'il nous plaise accorder les articles qui s'ensuyvent, lesquels ont esté drecez et advisez par ceulx dudit mestier, ou par la plus grand et seine partie d'entr'eulx pour l'utilité publicque et entretenement du mestier et science dessus dit :

I

Que aucun ne puisse doresnavant tenir ne (1) lever

(1) Lisez : *ni*.

ouvrouer dudit mestier et science, ne d'icelluy besongner en quelque maniere que ce soit, dedans la Ville de Paris, jusques a ce qu'il ayt servy an et jour en l'ostel (1) de l'un des jurez qui pour ce, seront faiz et esleus oudit mestier, où ledit varlet (2) gaignera prix raisonnable, pour sçavoir s'il sera souffisant, ou qu'il soit temoingné tel pour exercer ledit mestier et science et appartenances d'ycelluy; et ou (3) cas qu'il y sera trouvé expert et abille, ung chacun d'iceulx ainsi reçeuz, et avant toute œuvre, soient tenus de paier pour une fois huit livres parisis (4) au prouffit de la confrarie Saint Marc qui est la confrarie dudit mestier et science, et aussy pour supporter les affaires d'icelluy, qui seront mises en boiste fermant, de laquelle chacun desditz jurez ait une clef.

II

Item, que tout voirre, tant blanc comme paint, soient bien et deuement serty, joinct et mis en plomb, sur peine de refaire ladite besongne et ouvrage, aux coustz

(1) Ostel est ici pour maison.

(2) *Varlet* ou *valet* : ouvrier.

(3) Lisez : *au*.

(4) A cette époque, la livre tournois valait 5 fr. 69 seulement de notre monnaie. La livre parisis valait un quart en plus, c'était donc environ 57 de nos francs que le nouveau maître devait payer à la confrérie. Mais si l'argent avait, comme nous le croyons, dix fois plus de puissance au moins qu'aujourd'hui, les huit livres parisis représenteraient 570 francs.

et despens de celluy qui l'aura faict, et de vingt sols parisis d'amende a appliquer moictié à nous et l'autre moictié par indivis auxdits jurez et confrarie.

III

Item, que tout ouvrage de voirières soit bien et deuement soudé des deux coustez, comme il appartient, sur peine de trente sols parisis d'amende a applicquer comme dessus, pour ce que en trouve souvent qui ne sont soudés que de ung costé au prejudice de la chose publicque; car ledit ouvrage qui est de grand coust n'a point de force ne de resistance contre le vent se il n'est soudé de deux costés, comme il appartient.

IV

Item, que aucun ne puisse mectre en ouvraige dudit mestier et science aucune louzanges (1) de deux pieces, sur peine de dix solz parisis d'amende a applicquer comme dessus, pour ce que c'est une chose moult qui diffame ledit ouvraige.

V

Item, que aucun ne puisse mectre en euvre aucunes pieces paintes, sinon de bonne painture bien et deuement faicte et recuite ainsi qu'il appartient, sur peine

(1) *Louzanges*, carreaux de vitres en losanges.

de trente sols parisis d'amende a applicquer comme dessus, pour ce que, se ladicte painture qui est de grans frais n'est deuement recuite, ne prouffite de riens; car sitost qui desgelle, elle est toute moiste et gecte eaue, qui est cause de tout effacer, aussi fait la pluye (1).

VI

Item, que sur ouvraige et besongne blanche, on ne puisse placquer aucun plomb sur fente, qu'elle que elle soit, sous peine de cinq sols parisis d'amende a applicquer comme dessus.

VII

Item, que aucun ne puisse mestre en vielle besongne aucunes louzanges de trois pieces, sur peine de dix sols parisis d'amende, comme dessus, se ce n'est par le commandement de ceulx qui vouldront l'ouvraige ainsi estre fait, car c'est une chose deshonneste; aussi quant icelluy ouvraige a esté ainsi laidement une fois rapiecée, on ne la peut plus bonnement soustenir ne remectre a point.

VIII

Item, que tous fils de maistres aians esté apprantis, soit en l'ostel de leurs pères ou autres des maistres du-

(1) Il s'agit donc ici de verres peints par le peintre sur verre qui est en même temps vitrier.

lit mestier et sience, en ladicte Ville de Paris pourront ever, se bon leur semble, leur ouvrouer, se ils sont a e trouvez ouvriers souffisans et ydoines (1), sans pour e paier aucune chose pour leur entrée et maistrise.

IX

Item, que aucun maistre ne puisse avoir et tenir qu'ung apprenti ou fait d'icelluy mestier et science de roirerie, et a moings de quatre années, pour ce que c'est chose moult difficille et longue pour apprendre et çavoir, et que icelluy maistre ne puisse prendre aucun utre jusques a ce que ledit apprentilz ayt faict et acomply deux desdictes quatre années, sinon par cas de nort ou autre cause raisonnable, sur peine de soixante ols parisis d'amende, c'est assavoir, vingt sols parisis à Vous et dix sols ausdiz jurez, et les autres trente sols parisis au prouffit de la confrairie dudit mestier et science, et de lui oster les apprentis.

X

Item, que iceulx apprentiz, sitost qu'ils auront parachevé leur temps d'apprentissage et ils sont trouvez ouvriers souffisans et ydoines par lesdiz maistres, pourront estre receuz et tenir leur ouvrouer en içelluy mestier et science en paiant a leur reception, pour une fois,

(1) *Ydoines* : capables.

la somme de huit livres au prouffit de ladicte confrairie et de la bannière.

XI

Item, que nul maistre dudit mestier et science de voirier ne puisse mectre aucuns varlets en besongne gaignans argent, sinon en paiant toutes les sepmaines par chacun d'iceulx varlets ung denier parisis que sera tenu chacun maistre retenir de leurs salaires pour mectre en boiste au prouffit de ladicte confrarie, ou autrement sera tenu ledict maistre d'en respondre et le paier a ladicte confrarie.

XII

Item, que nul des maistres dudict mestier ne puisse mectre en besongue aucuns compaignons d'icelluy mestier et science qui se soient departis et laissé leurs maistres avant leur terme de leur service escheu, oultre le gré et volenté d'icelluy leur maistre, sur peyne de vingt sols parisis d'amende a applicquer comme dessus ; desquels vint sols en paiera ledit varlet dix sols, et le maistre qui ainsi l'aura prins et mis en besongne le seurplus. Et s'il advenoit que icelluy varlet n'eut de quoy paier, sera ledit maistre tenu de tout paier, le tout au prouffit de ladite confrarie, sauf a le recouvrer par lui sur ledit varlet.

XIII

Item, aussi que nul maistre dudit mestier ne puisse bailler secretement, ou en appert (1), a ouvrer et besongner oudit mestier et science a nul des varletz des maistres d'icelluy mestier pour y besongner de nuyt ou de jour, en chambre ne autre part, sur peine de vint sols parisis d'amende a applicquer comme dessus.

XIV

Item, que si aucun des maistres dudit mestier et science va de vie a trespas et delaisse sa femme de luy vefve (2), icelle vefve puisse avoir varletz et tenir son ouvrouer en icellui mestier et science, durant sa viduité seulement, pourvu que elle soit femme de bonne vye, sans aucun villain reprouche, laquelle ne pourra avoir ne prendre aucuns apprentis durant sa viduité, fors celui qui lui seroit demouré au trespas dudit deffunct.

XV

Item, que nul maistre dudit mestier ne puisse avoir ne tenir que ung ouvrouer dedans la Ville de Paris, sinon qu'il eust deux maisons entretenans ensemble ou il n'y ait distance que d'un mur ou cloison entre deux,

(1) *Ou en appert* : ou comme il sera constaté.
(2) Lisez : *veuve.*

aussi qu'il n'y ait que ung maistre-huys (1) fermant sur rue ou quel cas ne seront reputez que pour ung ouvrouer, sur peine de vint sols parisis d'amende et confiscation de leurs denrées (2), ouvraiges et besongnes qui ainsi seroient trouvez oudit ouvrouer autre que celuy qu'ils doivent avoir, a applicquer comme dessus.

XVI

Item, que pour faire les visitations dessus dictes, et a ce que lesdiz statuz et ordonnances soit entretenuz et gardez, soient prins et esleuz trois des maistres dudit mestier pour estre jurez et gardes d'icelluy, les deux desquels se changeront par chascun an au jour ou le lendemain de la feste et solempnité d'icelle confrarie.

En tesmoing de ce, nous avons faict mettre notre scel a ces presentes, données à Chartres le XXIIIIe jour de juing, l'an de grace mil quatre cens soixante sept et de nostre regne le sixiesme.

LOYS.

*
* *

A cette époque, les vitriers, entre autres ouvrages, couvraient les tableaux de feuilles de verre. Dans un inventaire du duc de Berry, on lit ceci : « Un tableau de boys dont les dix imaiges sont

(1) Une seule porte pour les deux établissements ou boutiques.
(2) *Denrées* : marchandises.

couvers d'un grant piece de voirre plate et les bords dudit tableau sont pains d'or bruny. »

En 1405, Claude Le Leu, voerrier à Paris, avait réparé les vitres de l'hôtel du duc d'Orléans, frère du roi Charles VI, à Chaillot, et Jacques Cœur avait, dans son logis, du même « beau verre clair qui résiste aux rayons du soleil, sans empescher la clarté ».

*
* *

Des lettres patentes d'Henri II, en date du 24 mai 1548, confirment les statuts des peintres, homologués par le prévôt de Paris, le 12 août 1391. Ces lettres ne paraissent pas avoir été enregistrées. Il s'agit, en somme, d'une confirmation pure et simple; elle a été publiée dans le « Recueil des Peintres », édition de 1698.

*
* *

Le même souverain octroie d'autres lettres-patentes, en date du 6 juillet 1555, confirmant celles de Charles VII reproduites ci-dessus, et par lesquelles le peintre du roi et ceux de la même profession que lui sont exemptés des aydes, subsides, subventions et gardes des portes.

C'est encore une confirmation pure et simple;

elle est citée dans une sentence de l'Election de Dreux, du 3 septembre 1590.

*
* *

En 1582, Henri III confirme les statuts des peintres-imagiers par lettres-patentes adressées au prévôt de Paris ; elles font ressortir l'excellence de la peinture et de la sculpture, arts qui honorent la nation, l'Eglise et les princes. Ce document est le suivant : (1)

Henry, par la grace de Dieu, Roy de France et de Pologne, au prevost de Paris ou son lieutenant, salut.

Nos amez les peintres et tailleurs d'imaiges, de ladite prevosté de Paris, nous ont remonstré que pour obvier aux abbus et tromperies qui se faisoient et commectoient par aulcuns mauvais et inexperts ouvriers aux peintures, doreures, enrichissemens et tailles des imaiges, et aultres enrichissemens dependanz desdits artz de peintures et sculptures, au prejudice de l'honneur de Dieu, de sa glorieuse vierge mère, des saints et saintes du paradis, decoration des eglises et lieux saints dediez en l'honneur de Dieu, que aussy de nous, des princes de nostre sang et aultres seigneurs, ducs, comtes, barons et gentilshommes des nostres et de nostre royaulme qui

(1) Collection Lamoignon, IX, 411 et Archives nationales : ordonnances ; Henri III, 6e vol.

les mettent journellement en besongne, et auxquels il appartient principallement les y mettre, en sorte que le plus souvent ceulz qui avaient la charge de les faire besongner des œuvres de leur art y estoient journellement trompez et deçeus, au deshonneur et vitupere de toute la republique françoise et de ladite ville de Paris, comme chef et principalle ville de nostredit royaulme, estant leurdit art entre les aultres l'ung de ceulz qui plus peut et doibt rendre dans les pays et villes honorables et recommandables entre les nations estrangeres, comme le tesmoignent les œuvres qui se trouvent encore aujourd'hui des antiques Egyptiens, Romains, Grecs, François et d'autres nations, qui ont eu cette reserve et recommandation de illustrer leur republique par le moyen dudit art; dès le douzième jour d'aoust mil trois cens quatre vingt onze, auroient esté faict par l'un de vos predecesseurs, prevost de Paris ou son lieutenant, par l'advis de plusieurs personnes dignes de foy et a ce congnoissans, certaines ordonnances sur le fait et police dudit art et science, en confirmant et approuvant autres ordonnances faites sur lesdits arts et sciences escrittes et enregistrées aux registres de ladite prevosté, lesquels ils auroient gardé et involontairement observé en tant qu'il leur aura esté possible.....

Pourquoy nous voullans iceulz supplians entretenir en leurs status, privilleiges, franchizes, libertez et ordonnances, en consideration aussy que ladite ville de Paris est la meilleure, plus fameuse et principalle ville de nostredit royaulme, vous mandons faire iceulx joyr et user du contenu esdites ordonnances, franchizes et libertez, selon et ainsy que deuement ils en ont jouy et usé, joyssent et usent encore de present, deffendanz a tous juges et gardes de ne recevoir ne vous presenter aucuns a recevoir a l'advenir pour maistres dudit art qu'ils n'ayent esté apprentifs d'aulcun (1) maistre de notredite ville, par le temps et espace de cinq ans entiers, et qu'ils n'ayent servi de compaignon en la maison d'iceulx maistres, par le temps et espace de quatre autres ans, et ce pour eviter tant aux abus qu'ils commectent, estant en chambres en toute libertez et dont a la necessité de nos affaires lesdits maistres ne les peuvent tirer, pour nous rendre le service qu'ils nous doibvent, sinon avec d'excessifs gaiges et salaires, qui est la cause pour laquelle ils ne peuvent tellement mettre a execution ce qu'ils entreprennent de nous, comme ils le desireroient, que pour les contraindre d'estudier, afin d'autant plus illustrer la chose publicque, que aussy que lesdits maistres qui auront servy puissent mieux assurer et repondre, tant de leur experience que de leurs vies et mœurs, faisant très expresses inhibicions et deffenses a toute personne de quelque estat, sexe, qualité et condition qu'il soit de ne faire fait de maistre, entreprendre, ouvrir bouticque, estaller, colporter ne vendre, en quelque façon et maniere que ce soit, aucunes peintures,

(1) Aucun est ici pour *quelque*.

sculptures, ne choses appartenantes a leurdit art, s'il n'est maistre reçeu par vous, et rapporté suffisant par les maistres jurez et gardes d'iceluy, le tout suivant lesdites ordonnances.

Et afin qu'ils soient plus enclins de mieux entretenir et continuer leurdit estat en l'honneur de Dieu et de son eglise, de nous et de nostredite ville, nous les leur avons audit cas confirmés et esmologués.

Donné à Paris, le vingt deuxième jour de novembre, l'an de grace mil cinq cens quatre vingt deux et de nostre règne le neufviesme.

Ces lettres-patentes furent enregistrées au Parlement, le 2 août 1583, en même temps que celles de 1548 et que des lettres de privilèges datées du 8 juillet 1583.

*
* *

Les peintres et les sculpteurs jouaient un rôle considérable dans les cérémonies publiques ; cela était tout naturel, puisque les organisateurs de ces grandes fêtes ont surtout en vue de « parler aux yeux » et que les artisans dont nous nous occupons sont surtout des décorateurs.

Nous trouvons, dans le récit des fêtes occasionnées par les entrées à Paris du roi Charles IX (6 mars 1571) et de la reine de France Elisabeth d'Autriche (29 mars de la même année), de nombreux renseignements sur les travaux qu'exécutèrent alors les membres de la communauté des peintres-sculpteurs (1).

Des arcs de triomphe furent alors élevés dans la ville, sur les points où devait passer le cortège. Ces monuments qui ne devaient durer que quelques jours, étaient ornés de motifs allégoriques, de figures bronzées, argentées, dorées. A la Porte-aux-peintres (2), désignée ainsi parce qu'elle était située tout près de la porte Saint-Denis de l'enceinte de Philippe-Auguste, connue sous l'appellation de Porte-aux-Peintres (3), soit à cause de Gilles-le-Peintre qui demeurait à côté, soit de Guyon-Ledoux, autre maître peintre, propriétaire d'une maison dans la ruelle des Peintres, on éleva l'un de ces arcs de triomphe où l'on remarquait des colonnes « représentant le marbre mixte ». Leurs bases et leurs chapitaux étaient « dorez de fin or ». Sur les clefs de chacune des faces de l'arc, étaient peintes les armoiries de France couronnées « et entourées de chappeaulx de triumphe », le tout agrémenté de devises et de guirlandes dorées « sur un fons blanc ».

(1) *Registres des délibérations du bureau de la Ville de Paris*, VI, 273. 301.

(2) Elle était placée rue Saint-Denis, entre les rues du Petit-Hurleur et aux Ours.

(3) Celle-ci avait été bâtie vers 1200; elle fut démolie en 1535.

Sur l'un des « tableaux » était « depeint un grand sceptre porté de biais par l'aire de l'air qui du bout d'embas touchoit la mer et de celuy d'en hault, orné de deux aisles touchait le ciel, pour monstrer que le sceptre de France n'aura d'autres bornes de sa victoire que l'Océan, et de sa renommée le Ciel... »

« Au milieu de cet arc, dont le fond du berceau estoit paré d'ung compartiment de feuillages, remply des armes, chiphres et devises du Roy, pendoit ung tableau double, en l'ung des cotez duquel, regardant la porte Sainct Denys étoient escriptz ces vers (1) : »

Vous avez pour ayeulx d'une heureuse naissance
Tant de rois conquereurs et un frere vainqueur
Ung Paris qui vous offre et ses biens et son cœur,
Et ung si grand royaulme en vostre obeissance.

L'arc de triomphe de la porte Saint-Denis était orné de peintures allégoriques. « Dans le portail étoit un grand champ representant un verger remply d'arbres chargez de toutes sortes de fruictz... de bledz en espy et vignes blanches et noires, chargées de raizins... »

On ne peut nier, en présence de tant de fleurons, d'attributs, de « niches feintes de marbre noir », de « figures enrichies et dorées en plu-

(1) Cette inscription était tirée de l'Enéïde ; I, 287.

sieurs endroictz », l'intervention habile du peintre décorateur, fileur, doreur, etc., auquel se joint le peintre de lettres. De la dorure, on en avait usé largement et partout : « devant les Saints Innocents », par exemple, n'admirait-on pas « un pied d'estal portant une statue d'or de dix pieds de hault ? »

Un atelier de doreur au XVIIIe siècle.

CHAPITRE IV

XVIIe SIÈCLE

Sentence du Châtelet ; les enlumineurs (1608). — Arrêt du Conseil ; les marbriers (1612). — Sentence du Châtelet (1613). — Ordonnance de police touchant les mœurs (1639). — L'Académie de peinture et sculpture et les maîtres peintres et sculpteurs ; Arrêt du Conseil d'État (1648). — Arrêt de 1650. — Acte d'union entre la Communauté et l'Académie royale (1652). — Arrêts et sentences divers (1657 à 1665). — Nouveaux statuts des vitriers (1666). — Sentences de police ; Arrêts du Parlement ; déclarations royales ; la Confrérie de Saint-Luc ; les Unions d'offices, etc. (1668 à 1696). — Le " Livre Commode " de 1692.

Une sentence du Châtelet, en date du 28 mars 1608, indique que les enlumineurs faisaient jusqu'alors partie de la communauté des peintres-sculpteurs et qu'ils voulurent s'en séparer pour s'ériger en maîtrise jurée. Mais vu l'opposition des maîtres peintres et sculpteurs, cette demande fut rejetée, afin surtout d'éviter les procès, dit la sentence qui ajoute que les ouvriers en sont ruinés « ce qui ne devroit estre ès ouvrage ou l'excellence de l'ouvrier est plus recommandée que la matière, comme de la peinture. »

*
* *

Un arrêt du Conseil, en date du 21 mars 1612, concerne surtout les sculpteurs de la communauté qui avaient intenté une action contre les marbriers, en invoquant les privilèges que leur conféraient leurs statuts. Cet arrêt fut rendu en leur faveur.

*
* *

En 1613, l'élection des jurés de la communauté ayant donné lieu à quelque désaccord, les peintres voulurent se séparer des sculpteurs. Ils demandèrent ce démembrement de leur corporation. Mais trop d'intérêts leur étaient communs et une entente suivit de très près cet incident.

Par sentence du Châtelet, en date des 27 mars

et 7 septembre, et après un long procès commencé en 1611, au sujet des droits de réception à la maitrise de deux compagnons et de deux fils de maîtres, il fut décidé que les jurés seraient pris en nombre égal dans les deux catégories des ouvriers de la communauté et que ces jurés auraient indistinctement le droit d'ordonner l'exécution et de recevoir les chefs-d'œuvre. La sentence ordonne, en outre, que les « sept vingt écus » versés par les récipiendaires (1) seraient partagés entre les peintres et les sculpteurs, ainsi que « tous autres deniers qui proviendroient de pareilles réceptions. »

Ce trouble passager n'était rien auprès des événements qui allaient se produire. Les artistes qui faisaient partie de la communauté et qui ne s'occupaient que de la peinture des tableaux, se réunirent à part pour étudier le modèle d'après nature : ils s'installèrent d'abord dans une cave pour ne pas éveiller l'attention publique, parce que les mœurs du temps s'opposaient à l'étude du nu, puis dans une salle d'hôtel et enfin, dans le Collège royal. Et ce fut là le début de l'Académie royale de peinture et de sculpture où furent, du reste, admis comme nous l'avons dit, les peintres-décorateurs, mais non sans quelque difficulté. En

(1) Soit 40 écus pour chaque compagnon et 30 écus pour chaque fils de maître.

effet, les statuts de l'Académie furent l'objet d'une opposition de la part des imagiers : ils craignirent pour leurs privilèges et virent là une atteinte à leurs droits. Il fallut un arrêt du Conseil d'Etat (1) pour ramener l'ordre dans les esprits et c'est un peu plus tard que l'admission des maîtres imagiers dans le sein de l'Académie fut prononcée. L'acte qui consacre cette union porte la date du 7 juin 1652.

*
* *

Une ordonnance de police en date du 19 décembre 1639 fait défense aux peintres, sculpteurs et graveurs de « faire aucunes représentations contraires au respect du à la religion, au Prince et aux bonnes mœurs ». Mais elle concerne surtout la peinture d'art et l'enluminure pratiquées par certaines personnes qui représentaient des scènes concernant « l'église, les princes, les seigneurs et principaux ministres », d'une façon « deshonnête et scandaleuse... tendante à mépris... pour corrompre la jeunesse... diverses figures représentent des hommes et femmes nuds en tout et en partie ou des postures lascives... qui blessent la chasteté, desquelles peintures infames

(1) Voyez cet arrêt, p. 99.

ils trafiquent journellement et en font venir d'étranges pays, qu'ils vendent et debitent aux colleges, hostels et lieux de difficiles entrés et sorties, que ceux qui les acheptent les gardent et serrent dans leurs maisons et cabinets, le tout contre les bonnes mœurs et les défenses portés par les ordonnances. »

C'est à la requête et sur une plainte adressée par les maîtres et gardes jurés peintres et sculpteurs que cette sentence fut prononcée; elle fut publiée « a son de trompette et cri public. »

Il fut enjoint aux gardes jurés peintres et sculpteurs d'aller, assistés d'un Commissaire du Châtelet, chez les délinquants présumés qui durent supporter ces visites, à peine de 500 livres d'amende. L'ordonnance indique qu'elles se feront aussi dans tous les endroits où l'on présumera que la vente des peintures obscènes est faite; ces objets seront saisis et les auteurs des peintures défendues seront arrêtés. Procès-verbal sera dressé des délits et transmis à la police. « Ce fut fait et ordonné par Me Isaac de L'Affemas, Conseiller du Roy en ses Conseils d'Etat et privés, Maître des requêtes ordinaires de son hostel, Lieutenant civil de la Ville, Prévosté et Vicomté de Paris. »

« Et le samedy 24e jour de decembre 1639, l'ordonnance cy-dessus a été leue et publiée à son de trompette et cri publique par tous les carrefours de cette Ville de Paris et sera au coin de Saint Benoit et marché du Temple affiché ainsy que par toute ladite Ville et Fauxbourg par moy en la Ville, Prévosté et vicomté de Paris à ce qu'aucuns n'y prétende cause d'ignorance sur les peines y mentionnées ; à ce faire j'étois accompagné de trois trompettes comme de Pierre Gilbert, Gentin, Le Chable et nous Jurez trompette du Roy esdits lieux. »

***

Bien que ne touchant pas l'industrie qui nous occupe, cette pièce a une relation directe avec son ancienne communauté. Nous l'avons publiée, surtout à cause de son originalité et parce que les poursuites intentées contre les personnes accusées de corrompre les mœurs au moyen de productions jugées dangereuses, le furent sur la demande des jurés peintres et sculpteurs.

***

Les statuts de l'Académie de peinture et de sculpture furent l'objet de lettres patentes de Louis XIV ; elles rappellent l'arrêt du Conseil d'État dont nous avons parlé. Nous en donnons l'extrait suivant : (1)

(1) Collection LAMOIGNON ; XII, 889 et DE LESPINASSE ; II, 201.

« Fait très expresses inhibitions et défenses aux maistres et jurez peintres et sculpteurs de donner aucun trouble ou empeschement auxdits peintres et sculpteurs de l'Académie, soit par visites, saisies de leurs ouvrages, confiscations, ou les voulant obliger de se faire passer maistres, ny autrement, en quelque sorte et maniere que ce soyt, a peine de deux mille livres d'amende. Et a fin que ces arts puissent estre exercez plus noblement et avec plus de liberté, SA MAJESTÉ a ordonné que tous peintres et sculpteurs, tant françois qu'estrangers, comme aussi ceux qui ont été reçeus maistres et qui se sont volontairement departis, ou se voudront à l'avenir sequestrer dudit corps de mestier, seront admis à ladite Académie sans aucuns frais, s'ils en sont jugez capables par les douze plus anciens d'icelles. Et fait deffenses, sur semblables peines, ausdits peintres et sculpteurs de l'Académie, de donner aucun trouble ni empeschement auxdits maistres et jurez peintres et sculpteurs.

Fait au Conseil d'Etat du Roy, SA MAJESTÉ y estant, le 27 janvier 1648.

*
* *

L'article LXVI des statuts rétablis de la corporation des Serruriers, en date du 12 octobre 1650, concerne les vitriers. Il est ainsi conçu :

LXVI. — Les entreprises que les maitres vitriers de notre dite Ville ont toujours fait sur les choses concernant l'art de serrurerie nous donnent sujet d'en arrêter le cours a présent et a cet effet, nous faisons très expresses inhibitions et deffenses ausdits maitres vitriers d'entreprendre aucuns ouvrages servans aux vitres, d'attacher, vendre ni exposer en vente des verges de fer servans ausdites vitres, ni même des fers de vitraille d'églises, chassis de fer, crochets et autres ouvrages, à peine de confiscation d'iceux et de 300 livres d'amende applicables comme dessus. (1).

*
* *

Nous avons indiqué plus haut qu'un acte d'union, en date du 7 juin 1652, consacre l'entente intervenue entre les « académistes (2) » et les imagiers.

Voici cet acte « de jonction entre l'Académie royale de peinture et la communauté des peintres-sculpteurs » :

L'Académie royale de peinture et sculpture n'ayant esté établie que pour relever les plus beaux de tous les arts, sans aucun dessein de préjudicier a quoi que ce puisse estre au corps de la maitrise, ni aux particuliers, elle a dressé ces articles, suivant qu'ils ont esté recueillis

(1) *Artisans Français. — Les Serruriers*, par Fr. Husson, p. 185. L'amende était employée pour moitié aux affaires de la communauté, l'autre moitié était destinée à l'Hôtel-Dieu.

(2) C'est ainsi que les désignent les statuts de l'Académie, art. 9.

de ceux qui ont esté donnés par les deputés du corps, et mis en la meilleure forme qu'elle a pu pour conserver l'Académie en son lustre par la jonction des deux corps, sans blesser les privileges de l'un et de l'autre; et si l'on y peut ajouter quelque chose, messieurs les maistres sont priés de s'y employer et de donner tous pouvoirs a deux de leurs députés de traiter en presence des autres, avec pareil nombre de ceux de l'Academie, pour éviter a confusion :

I

Qu'il n'y aura qu'un seul lieu ou l'Académie se tiendra a frais communs, ou les assemblées se feront des deux corps, lesquels seront unis sous le nom d'Académie Royale, en sorte que les academistes jouissent des privilèges des maitres et les maitres jouiront de ceux de l'Académie, les deux corps se soutenant l'un l'autre contre les troubles qu'on leur pourroit susciter.

II

Que les academistes et les anciens maitres qui auront passé par les charges, se pourront trouver aux assemblées, si bon leur semble, et y auront voix deliberative.

III

Que tous les enfans des maistres et des academistes pourront dessigner (1) a ladite Academie sans rien payer.

(1) Lisez : *dessiner.*

IV

Que quand on fera l'élection des douze anciens, l'on en elira indifferemment des deux corps unis, sans avoir esgard de quel corps il soit, pourveu que ceux dudit corps des maistres ayent passé en toutes les charges de maistrise, confrairie et gardes.

V

Que les anciens sortant de charge auront lē mesme honneur, suffrage et mesme voix deliberative qu'auparavant d'en sortir.

VI

Que les académistes ne seront sujets a aucune visite, mais s'ils tomboient en quelque faute par des ouvrages scandaleux ou deshonnestes qu'on puisse prouver, ils payeront la somme de trente livres, et les ouvrages seront biffez pour la première fois et pour la seconde, ils paieront aussi amende arbitraire (1).

VII

Lorsqu'un aspirant se presentera pour estre reçeu, les academistes et les maistres assemblez, selon leur forme ordinaire, jugeront conjointement s'il doit estre reçeu maistre ou academiste, et ce qu'il devra payer

(1) *Amende arbitraire* : à la volonté de celui qui l'impose.

pour l'ornement de l'Académie et pour les frais de son entretien et affaires communes; et outre ce, s'il est peintre, il donnera un tableau, ou ouvrage de sculpture s'il est sculpteur et ceux qui sont de present academistes feront de mesme.

VIII

Que tous ceux dudit corps qui feront des dessins pour les graver eux-mesmes, seront obligez de les faire voir à l'Académie avant que de les mettre au jour, pour y estre mis le visa; et seront obligez de fournir a l'Académie telle quantité d'exemplaires qu'il sera jugé convenable, afin que l'on ne mette rien en public de deshonneste; et en cas de manquement, il y aura amende arbitraire.

IX

Que tous les apprentifs ou élèves desdits corps, tant des a présent qu'a l'avenir, seront obligez d'estre enregistrez au livre de ladite jonction, et pour cet effet apporteront un ecu d'or chacun pour l'entretien de ladite Académie, et cela pour éviter l'abus; et a faute de ce faire seront dechus desdits privilèges, auxquels ils parviendroient; et ce seront lesdits apprentifs et non les maistres qui payeront ledit ecu d'or.

X

Que tout ce qui se resoudra en la chambre de la

jonction, tous les premiers samedis des mois, sera executé, pourvu que l'on soit au nombre de vingt, que rien ne sera proposé contre les statuts et qu'un corps ne delibera rien au prejudice de l'autre.

XI

Que les deniers de la bourse de la jonction seront maniez par un peintre et un sculpteur qui seront nommez par lesdits deux corps, dont ils tiendront compte tous les mois, et seront changez tous les ans.

XII

Que les presens articles et lettres patentes de l'Academie seront verifiez en Parlement a frais communs, à compter de ce jour, comme pareillement les frais des affaires et procès qui sont communs par le corps des maistres, et les frais qui en seront faits a l'avenir seront payés en commun.

Pardevant les notaires et gardes du Roy, entre les jurés et gardes de la communauté des peintres et sculpteurs et les peintres du Roy, en son Académie royale, lesquelles parties esdits noms, pour terminer et composer des differends qui sont entre elles pendans au Parlement, sur le sujet des lettres patentes adressantes a ladite Cour, portant l'establissement de ladite Academie royale et de l'opposition formée par lesdits maistres et sculpteurs a l'homologation d'icelle, ont arresté lesdits articles, que les maistres conserveront leurs privilèges et les academistes ceux qui leur sont accordés et que les frais qui se feront à l'avenir par la délibération desdits deux corps, et procez et affaires communes auxdits maistres et academistes, seront deboursez en commun et seront reglez sur chaque particulier desdits deux corps; et au moyen de ce que dessus, lesdits maistres peintres et sculpteurs, esdits noms, ont dès a present donné auxdits academistes pleine et entiere main levée de l'opposition par eux formée a l'homologation desdites lettres de l'Académie royale; élections de domicile, signatures, ratifications diverses des peintres, enregistrement au Parlement de toutes les pièces qui precèdent, le sept juin 1652.

Voilà donc les peintres en bâtiment et décorateurs, fils des imagiers des temps passés, officiellement admis à l'Académie royale de peinture et sculpture, comme étant les représentants d'un art essentiellement décoratif qui est « l'honneur des villes et la gloire du royaume », ainsi que le déclarait Henri III, dans ses lettres de 1582.

*
* *

En 1657, à la date du 1er septembre, nous avons à mentionner un Arrêt du Parlement qui met fin à un procès entre la communauté des peintres-sculpteurs et celle des menuisiers. La Cour ordonne que les uns et les autres sont « en la possession et jouissance de faire des tabernacles », contrairement à ce qui avait été décidé par le prévot de Paris ou son lieutenant.

*
* *

Le 11 mai 1660, intervient une sentence du Châtelet entre les peintres et les tourneurs. Il est permis « aux tourneurs de vendre leurs ouvrages peints de toutes sortes de peintures et couleurs, à la charge de les faire peindre et mettre en couleur par les maistres peintres de cette ville (de Paris) et non par autres, et permis aussi aux maistres peintres de cette ville d'acheter des ouvrages des maîtres tourneurs et non d'autres pour les peindre. Et ne pourront lesdits peintres rendre les ouvrages desdits tourneurs comme ils les auront acheptés d'eux. » C'est-à-dire qu'ils pourront les revendre, mais seulement après les avoir peints. Les peintres et les tourneurs sont tenus « de marquer les ouvrages de leur marque. »

*
* *

Contrairement à l'article 2 des statuts d'Etienne Boyleaux, toujours en vigueur jusque là, et qui permettaient à l'imagier-peintre d'avoir autant

« d'aprentiz comme il li plaist », une sentence du Châtelet, datée du 20 juillet 1660, est ainsi conçue :

« Défenses sont faites a tous maistres peintres-sculpteurs à Paris, de prendre ny obliger plus d'un apprentif a la fois ; seront tenuz de faire registrer les brevets de leurs apprentis, a payer ce qui est porté sur les ordonnances, et les maistres qui ont plus d'un apprentif seront tenus, huitaine après la presente signification, de mettre les brevets d'iceux ès mains des jurez pour estre par eulx pourvu d'un autre maistre. »

*
* *

Par un arrêt du Conseil d'Etat du 8 février 1663, il est ordonné à tous ceux qui se qualifient peintres ou sculpteurs de Sa Majesté, de s'unir et s'incorporer incessamment au corps de l'Académie royale : « faisant Sa Majesté défense a tous ses peintres et sculteurs qui ne sont pas de ladite Academie, de prendre ladite qualité de peintres et sculpteurs de Sa Majesté, contre lesquels elle permet aux maistres jurez desdits arts de continuer leurs poursuites » (1).

Le nombre des membres de l'Académie étant limité, on ne voit pas trop comment les artisans visés par l'arrêt précédent, pouvaient tous être

(1) Collection LAMOIGNON : XIV, 517.

reçus membres de cette institution. Nous croyons comprendre que ces personnages n'appartenaient à aucune communauté et que Louis XIV voulut les faire rentrer tout simplement dans le droit commun, en les forçant à se faire inscrire sur la liste des peintres et sculpteurs qui avaient bénéficié de l'union de leur corporation avec les membres de l'Académie.

*
* *

Un arrêt du Parlement du 18 juillet 1665 spécifie que, lors de l'élection des jurés peintres et sculpteurs, et de la réception des chefs-d'œuvre des aspirants à la maitrise, il sera adjoint aux jurés gardes du métier dix jeunes maîtres, suivant l'ordre du tableau de réception.

*
* *

Le 22 février 1666, le roi Louis XIV confirme les statuts des vitriers et peintres sur verre que ces artisans ont renouvelés. La lettre-patente de cette confirmation est précédée de 35 articles de statuts que nous reproduisons ci-dessous (1) :

Ce sont les statuts, ordonnances, privileges et regle-

(1) Collection LAMOIGNON ; XIV, 1033. — Archives nationales ; Ordonnances, 11e vol. de Louis XIV.

mens que les maistres jurez anciens, bacheliers et maistres de la communauté des vitriers, peintres sur verre ont resolu de renouveler et d'observer inviolablement entre eux sous le bon plaisir du Roy, de Nosseigneurs du Parlement et Monsieur le Prevost de Paris, Monsieur le Lieutenant civil et Monsieur le Procureur du Roy au Chatelet de Paris, leurs protecteurs et conformément aux anciens statuts dudit art et mestier accordés par le Roy Louis XI en sa ville de Chartres, le 24e jour de juin 1467, qui est le temps de près de deux cens ans qu'ils n'ont point esté renouvelez, pour en jouir par eulx et leurs successeurs et de tous leurs droits et privileges plainement et paisiblement.

PREMIÈREMENT.

Que pour le bien de la communauté desdits Maitres vitriers peintres sur verre de la Ville, fauxbourgs et banlieue, Prevoté et Vicomté de Paris, direction des affaires d'icelles et tenir la main à ce que lesdits statuts, ordonnances et privileges cy après rédigés soient entièrement observés, Seront par chacun an, le lendemain du jour et feste de Saint Marc, patron de ladite communauté eslus en la présence de notre Procureur au Chatelet, deux jurez chef-d'œuvriers (1) dudit mestier en la place

(1) *Chef-d'œuvriers*, c'est-à-dire qui sont devenus maîtres après chef-d'œuvre et non par *expérience*, l'expérience n'étant qu'un examen superficiel.

des deux anciens qui sortiront de charge, lesquels auront droit de visite sur tous les maitres dudit métier et marchans forains, et de toutes les malversations en faire leurs rapports en la maniere accoutumée, et diriger toutes les affaires de laditte communauté comme de bons peres de famille, et ne rien oublier de ce qu'ils pourront faire pour l'avancement défense et repos d'icelle ; et auront droit d'aller en visite chez tous les maistres et saisir, en vertu de la commission qui leur sera donnée par notre prevot de Paris, émanée de la Chambre de notre Procureur au Chatelet et de faire leurs rapports de toutes leurs contraventions pardevant notredit Procureur, premier juge et conservateur des marchands négociants, trafiquans et artisans de la Ville, fauxbourgs et banlieue de Paris. Comme aussy il sera procédé à l'établissement de deux Maîtres de Confrairie en la place des deux anciens qui sortiront de charge, pour par eux faire toutes les fournitures de l'Eglise et autres choses selon l'usage de laditte Communauté concernant laditte charge.

II

Apprentifs

Que nul ne sera reçu apprentif vitrier peintre sur verre dans la Ville de Paris, qu'il ne soit de bonne vie, mœurs, conversation et Religion Catholique, Apostolique et Romaine (1), ny qui soit taché d'aucune infamie ny repris de justice.

III

Tous brevet d'apprentifs audit mestier seront passés par devant deux notaires au Chatelet de Paris, pour le temps et espace de quatre ans, present l'un des jurez de laditte communauté, lequel signera ledit brevet, le tout a peine de nullité. L'apprentif en s'obligeant paiera trois livres à la Confrairie, après quoy il sera immatriculé par ledit juré, ne pourra aller travailler ailleurs pendant lesdites quatre années de son apprentissage que par la permission de son maistre, et lors de la passation dudit brevet, le maistre preneur exhibera sa lettre de maitrise pour être énoncée audit brevet. Et ledit apprentif, outre les quatre années d'apprentissage, sera tenu de servir encore les maistres dudit art et mestier six années en qualité de compagnon, ou d'aller par Pays pendant ledit temps aux bonnes villes pour s'acquérir plus d'experience et de capacité avant que de pouvoir estre reçu maître dont il sera tenu rapporter bons et veritables certificats passés pardevant notaires ou actes de déclarations pardevant les juges des lieux, des maitres chez lesquels et combien de temps il y aura travaillé. Et se-

(1) A partir de Louis XIV, cette obligation d'appartenir à la religion catholique se trouve dans tous les actes des métiers. Les protestants ne pouvaient plus être admis à la maitrise.

ront les brevets registrés sur le registre de Notre Procureur au Chatelet.

IV

Ne pourra aucun maitre avoir, tenir ny obliger qu'un apprentif à la fois, ny n'en pourra prendre ny obliger aucun autre que deux ans après le brevet du dernier qu'il aura eu, sera finy et accomply, sur peine de 60 livres d'amende applicables à la confrairie dudit mestier. Et en cas qu'il arrive le décès dudit apprentif pendant son apprentissage, pourra son maitre en reprendre un autre après ledit décédé. Et ou ledit apprenti s'absentera ou quittera son maitre par suite de débauche ou autrement et faute par luy de revenir au service de son dit maitre dans les deux mois après sa sortie, son brevet demeurera nul et resolu, sans pouvoir espérer aucune grace des jurez pour rentrer dans son apprentissage, ny le parachever. Et en conséquence pourra son maitre lesdits deux mois passés en reprendre et obliger un autre, en rapportant toutefois un certificat de ses voisins au juré qui signera le brevet d'apprentissage de celuy qu'il reprendra du jour de la sortie et son premier et comme il ne s'est point représenté à luy pendant les deux mois pour rentrer à son service d'apprentissage et le parachever. Le tout selon qu'il sera ordonné par justice.

V

Si un apprentif pendant le temps de son apprentissage

se trouve atteint et convaincu de quelque crime, vol ou autre délit considérable, le brevet de son apprentissage demeurera deslors nul et résolû, cassé et revoqué, sans qu'il soit besoin de sentence, jugement ou arrest. Sera iceluy apprentif déclaré déchu de la maitrise avec défense aux jurez de l'y faire recevoir à peine de demission de leurs charges.

VI

Auparavant que de bailler par les jurez de ladite communauté chef d'œuvre aux aspirans à la maitrise, seront iceux aspirans obligés faire voir aux jurez et anciens leurs brevets d'apprentissage. Les jurez et anciens s'assembleront en la Chambre avec l'aspirans huit jours avant le chef d'œuvre pour l'instruire et lui ordonner son chef d'œuvre, dont dix anciens et huit maitres chef d'œuvriers à leur rang de maitrise, auxquels il sera payé à chacun vingt sols pour leurs salaires et vacations. Et seront tenus iceux aspirans payer pour les droits de la Chambre huit livres dix sols, ainsi que de tout temps, il se pratique.

VII

Que tous aspirans fils de maistres qui auront esté apprentifs sous la main et dans la maison de leurs peres ayant passé des charges de jurande pourront faire leur expérience en la maison de leurs dits pères. Mais les autres fils de maistres qui auront fait leur apprentissage en la maison de leur père n'ayant pas passé les charges de jurande seront obligés de faire leur expérience en la maison d'un des jurés en charge à peine de nullité de leurs expériences.

VIII

Les aspirans qui auront droit à la maitrise de quelque qualité qu'ils soient, seront présentés aux jurés et conduits par un des anciens bacheliers qui aura passé par les charges de juré; ils seront assistés par ledit maitre ancien, conducteur, lorsqu'ils feront leurs chefs d'œuvres; et pour cet effet, les anciens bacheliers pourront présenter iceux aspirans chacun à leur tour d'ancienneté, si bon leur semble, et si leur commodité ne leur permet, cela sera référé aux dits jurés. Et sera payé par l'aspirant au conducteur huit livres parisis pour toutes peines, salaires et vacations.

IX

Et comme depuis peu, par arrêt de nostre Cour de Parlement, les jurés dudit mestier ne peuvent appeler que douze maistres d'expérience, pour assister à la reception des chefs d'œuvres des aspirans, lequel nombre ne se trouve jamais remply à cause des absences, maladies ou occupations et pour que le nombre de douze soit toujours remply. Pour cet effet, Voulons qu'iceux aspirans soient tenus de faire chef d'œuvre entier au lieu pour ce estably en la maison de l'un desdits jurez tel qu'il luy sera par eux ordonné en la presence de dix anciens maitres et huit autres maitres de chef d'œuvre pour assister depuis le commencement jusqu'a la fin et examiner la capacité dudit aspirant. Et sera payé par ledit aspirant aux assistans seulement à sçavoir a chacun desdits jurez quatre livres tournois, à chacun desdits maitres chef d'œuvriers quarante sols, sçavoir à l'ordonnance de la pièce, a la réception du Quarré, à la jointure du panneau et a la perfection du chef-d'œuvre, outre dix livres qui doivent être mises dans la boête par l'aspirant pour les affaires de la Communauté ainsi qu'il a esté de tout temps. Et seront tenus lesdits aspirans incontinent après leur chef d'œuvre achevé de prester serment de maitre par devant notre Procureur au Chatelet, a peine d'être saisi comme Chamberlan (1), et ce, en la présence desdits jurez anciens et chef d'œuvriers cy dessus.

X

Ne recevront a l'avenir les jurez et anciens, plus grand nombre que de deux maistres par an, par brevet d'apprentissage et plein chef. d'œuvre et qui ne soient de bonne vie, mœurs, conversation, et Religion Catholique, Apostolique et Romaine, non tachés d'infamie, ny repris de justice, si ce n'est qu'un Compagnon apprentif de Paris, des qualités cy dessus requises recher-

(1) C'est-à-dire : travaillant en chambre ; sans en avoir le droit.

chant en mariage une veuve ou une fille de maitre qui pourra en ce cas et à cause de leurs privileges, et sans prejudicier aux deux aspirans estre encore dans la même année reçus et admis supernumérairement à la maitrise, en épousant ladite veuve ou fille de maitre, non autrement et faisant une expérience trouvée capable à la maniere accoutumée.

XI

Qu'aucun maitre ne pourra être admis à la maitrise dans Paris qu'il n'y ait fait son apprentissage et chef-d'œuvre.

XII

Nul maitre ne pourra avoir et tenir deux boutiques ouvertes dans la Ville, sinon en cas de déménagement auquel cas pourra ledit maitre tenir ses deux boutiques ouvertes pendant trois mois seulement afin de se conserver ses pratiques. Et si ledit maitre tenait encore ses deux boutiques ouvertes, lesdits trois mois passés, sera condamné en telle peine et amende qu'il sera par justice ordonné.

XIII

Ne pourra aucun maitre entreprendre ny achever aucuns ouvrages qu'un autre maitre aura commencé sinon du consentement dudit maitre qui les aura commencés et seront faites deffenses à tous maitres de donner aucun ouvrage à faire hors de leurs boutiques et maisons si ce n'est à d'autres maitres qui manqueront d'ouvrage, afin que tous lesdits maitres puissent estre occupés et vivre de leur mestier et qui contreviendra au present statut payera soixante livres d'amende applicable le tiers à la Confrairie, l'autre tiers à l'Hopital Général, l'autre au dénonciateur.

XIV

Comme aussy ne pourra nul maitre prendre un compagnon ny le mettre en besogne, qu'il n'ayt au moins parachevé son mois (1) chez le maitre d'ou il sortira et compté avec luy, pour cet effet ledit maitre sera tenu de s'en informer auprès du maitre d'ou il sortira et du sujet pour lequel il le quitte et s'il est satisfait de luy, à peine de dix livres parisis d'amende applicable à la Confrairie desquelles en payera la moitié ledit compagnon et l'autre le maitre qui l'aura reçu au mépris et contravention du présent Statut. Et ou ledit compagnon n'auroit de quoy payer sa part de ladite amende, sera tenu ledit maitre de la payer entièrement.

XV

Aucun maitre ne pourra soustraire ny mettre en

(1) L'ouvrier était loué au mois ou à l'année, jamais à la journée.

besogne aucun garçon apprentif d'un autre maitre sans la permission de sondit maitre jusqu'a ce que ledit garçon ait achevé son temps ou l'ouvrage commencé. Et lesdits garçons seront tenus de travailler tous les jours ouvriers assiduement sans perdre le temps ny négliger leurs besognes, et ne sera permis auxdits garçons de travailler aux jours de dimanches et festes, sur peine de trente livres d'amende, payable par le maitre qui l'occupera, applicable le tiers a la Confrairie, l'autre à l'Hopital Général, l'autre au denonciateur.

XVI

Et d'autans que les compagnons vitriers passans ou demeurans dans la Ville, faubourgs et banlieue de Paris qui ne trouvent point de besogne chez les maitres, pour n'estre plus souvent experimentés ou qui n'en veulent point prendre à cause de leur libertinage et pour courre, comme on dit la losange (1), entreprennent des ouvrages au détriment de la communauté et du publique et travaillent en cachette ès Colleges, Abbayes, Monasteres, Hôpitaux et Grandes Maisons tant de la Ville, fauxbourgs que Banlieüe de Paris, pour des particuliers qui les veulent bien mettre en besogne, ce que lesdits Compagnons et particuliers ne peuvent faire sans

(1) Expression de métier : fainéanter, se promener. etc. — Il y a quelque relation d'idée entre ce terme et celui que les peintres emploient aujourd'hui pour se reposer et se rafraîchir l'après-midi. Ils disent qu'ils " vont faire un raccord".

une correspondance et assistance toute entière d'aucuns maitres qui, pour cet effet et par une lacheté à leur maitrise leur vendent et distribuent toutes les choses nécessaires, ce qui apporte un notable préjudice à tous les maitres qui sont deja en si grand nombre, qu'a peine la pluspart d'iceux peuvent-ils gagner leur vie et celle de leurs enfans, estant contraints le plus souvent de mandier de la besogne chez leurs confrères. A quoy étant d'autant plus necessaire de remedier, et que le public soit bien et fidelement servi : Deffenses seront faites à tous Maitres vitriers, Peintres sur verre de vendre, débiter ny préter auxdits Compagnons passans ou demeurans dans Paris, ny aux apprentifs, ny même aux personnes particulières, verre en plat ou en table, ny taillé, aucun rouet à tourner, plomb, lingottier, moulles à liens, plomb tourné, plomb jetté, soudure, liens jettés, fers à souder, pointes de diamans ny autres outils genéralement quelconques servant audit art et métier sur peine de 48 livres parisis d'amende, applicable le tiers à l'hopital genéral, l'autre à la Confrairie de laditte Communauté, et l'autre au denonciateur et de confiscation des outils et marchandises applicable aux frais des jurés pour lors en charge.

XVII

Et pour tenir la main a l'exécution des présents statuts, pourront les jurés hors même le temps de leur visite, et lorsqu'ils seront avertis des ouvrages que lesdits compagnons ou apprentifs feront esdits lieux et maisons, et sans aucune remise, aller en visite, et faire perquisitions assistés d'huissiers, commissaires, sergens, archers, et autres personnes telle que le cas le requerera et qu'ils verront bon estre, sans que pour raison de ce, ny pour entrer et faire leurs visites esdits lieux, ils soient tenus de prendre permission ny *pareatis* (1) des hauts justiciers, ny d'aucuns autres juges des fauxbourgs, banlieüe, prevoté et vicomté de Paris, ny de leurs officiers.

XVIII

Que tout verre, tant blanc que peint, mis en ouvrage par les maistres dudit art et mestier, sera bien et deuement assorti, joinct et mis en plomb neuf, et bien souldé par les deux costez, sur peine de refaire par lesdits maistres qui ne les auront faits conditionnés comme dessus, ou a leur reffus; et sur la moindre plainte du bourgeois ou autre particulier, lesditz ouvrages seront refaits a leurs despens, et eulx condamnés en quatre livres parisis d'amende, applicable moitié a la confrairie de ladite communauté et l'autre aux frais des jurés qui en feront la visite.

XIX

Nul maistre ne pourra mettre en œuvre aucune pièce

(1) *Pareatis* : Requête pour obtenir le pouvoir d'exécuter l'ordonnance.

de peinture en églises, chapelles, maisons et aultres lieux, qui ne soit bien et deuement recuitte, a peine de six livres parisis d'amende, applicable moitié au denonciateur et l'autre aux frais des jurés; comme aussy nul maistre ne pourra mettre en ouvrage aucune pièce commune de deux pièces (1), aucune pièce de chassis de trois pièces, ny aucunes boudines dans les chassis, ny a aucun autre ouvrage dudit mestier, a peine de dix livres parisis d'amende applicable comme dessus.

XX

Aucun maistre ne pourra mettre aucun plomb volant sur les pièces felées, aux panneaux raccoustrés, lanternes, ny en aucuns autres ouvrages dudit mestier generalement quelconques, a peine de dix livres parisis d'amende, applicables aux frais des jurés qui en feront la visite.

XXI

Et pour y parvenir et à ce que le public soit fidélement servi, seront tenus les jurés d'aller six fois par an chez tous les maîtres de la ville, fauxbourgs et banlieüe pour voir, visiter et examiner leurs ouvrages, faire leur rapport de toutes les contraventions aux presents statuts pardevant notre Procureur au Chatelet, sans que pour faire lesdites visites ils soient tenus de prendre aucune

(1) Lisez : *morceaux*

commission ni *parcatis* d'aucuns juges desdits faubourgs et banlieue de Paris, se faisant seulement assister d'un sergent, commissaire ou huissier si besoin est, attendu que c'est un fait de police dont la connaissance appartient à notre prevôt de Paris et à notre dit procureur au Châtelet; et tous lesdits maîtres seront tenus de payer chacun cinq sols par chacune visite pour les peines et vacations desdits jurés.

XXII

Pour aussy empecher que les désordres, querelles, et mauvais accidens ne puissent arriver en aucunes assemblées telles qu'elles puissent estre de laditte communauté, comme il est autrefois arrivé, Voulons et très expressement deffendons à tous maîtres de se trouver en aucunes assemblées convoquées par les jurés, ny autres generalement quelconques ny mesme aux lieux accoutumés de la descente et décharge du verre, tant blanc que peint, pour y lottir leurs parts, avec leurs marteaux, mesures et tabliers, crainte de quelque sinistre inconvénient, ny même d'y envoyer leurs femmes aux fins que dessus, crainte de querelles, injures atroces, suivies le plus souvent de voies de fait, ains (1) seront tenus de s'y trouver en personne, le plus decemment qu'ils pourront, et que leurs facultés leur permettront, à peine de trois livres d'amende applicable à laditte communauté.

(1) *Ains* : lisez *mais*.

XXIII

Les veuves de maitres tant qu'elles se tiendront en viduité, seront de bonne vie et mœurs, sans aucun reproche deshonneste, pourront tenir leurs boutiques, avoir compagnons, et jouir de pareils privileges que leurs deffunts maris ; mais si elles se marient à un homme qui ne soit pas de la vacation, elles seront dechües de jouir de la maitrise ; ne pourront néantmoins, étant en viduité, obliger (1) aucun apprentif, mais pourront les apprentifs de deffunts leurs maris achever leur apprentissage en la boutique desdittes veuves, lesquelles pourront avoir des compagnons avec ledit apprentif, et s'il se trouve que lesdits compagnons otent ou extorquent leurs pratiques ou les fassent tomber en la boutique d'autres maitres ou de ceux ou ils iront demeurer, il y sera pourvû par les jurés, sur la moindre plainte desdittes veuves et preuve qui en resultera pour l'indemnité et restitution du tort et dommage souffert et à souffrir par laditte veuve et crainte que sa maitrise et boutique ne lui fussent infructueuses sans y pouvoir gagner leur vie et celle de leurs familles.

XXIV

Tout compagnon qui aura fait son apprentissage dans la Ville de Paris, encores qu'il épouse une veuve ou une fille de maitre, sera néantmoins tenu et obligé faire

(1) Engager.

son experience chez l'un des jurés à la maniere accoutumée et ne pourront aucuns autres compagnons qui n'auront point fait leur apprentissage dans la Ville de Paris, y estre reçus a la maitrise, encore qu'ils prennent en mariage et épousent une veuve ou fille de maitre.

XXV

Ceux qui viendront à la maitrise en épousant une veuve ou fille des maitres qui viendront des fauxbourgs ou autrement, s'ils ont des enfans d'un premier mariage et qui ne proviendront pas desdittes filles ou veuves de maitres, lesdits enfans ne pourront aspirer à la maitrise de leurs peres que par brevet d'apprentissage et non autrement.

XXVI

L'élection des jurés se fera à la manière accoutumée et ainsy qu'il est contenû au premier des presens statuts et ordonnances, lesquels jurés seront tenus en outre de rendre compte à l'amiable de leur administration et des deniers qu'ils auront reçus, trois mois après qu'ils seront hors de charge par devant ceux qui seront nommés par la communauté par devant lesquels sera procédé à l'exécution et cloture desdits comptes, les originaux desquels seront mis dans le coffre de la communauté, le double revenant aux rendans pour estre par les nouveaux jurés les sommes dont les anciens jurés seront reliquataires avec celles qui seront données par les jeunes maitres reçus à nouveau, employés aux affaires de laditte communauté.

XXVII

Qu'aucun maitre ne sera eslu juré qu'il n'ait esté maitre de la Confrairie et qu'il n'aye dix ans de maitrise, suivant et conformément aux arrêts de la Cour de Parlement.

XXVIII

Tout verre tant blanc que peint qui sera voituré tant par eau que par terre dans la ville et fauxbourgs de Paris sera vû et visité par les jurés auparavant que d'être exposé en vente. Pour cet effet, les marchans qui l'auront fait voiturer ou au moins les voituriers seront tenus et obligés d'avertir les jurés du jour de l'arrivée de laditte marchandise, de la quantité et de la qualité d'icelle et du lieu ou ils l'auront fait décharger auparavant que d'exposer laditte marchandise en vente, pour par lesdits jurés en faire la visite, si elle est bonne, loyale et marchande, à peine de la confiscation de laditte marchandise applicable le tiers à l'hôpital général, l'autre à la confrairie dudit métier et l'autre aux frais et salaires des jurés.

XXIX

Et pour faire que l'élection desdits jurés et maitres

de confrairie se fasse toujours avec plus d'honneur et de candeur et par les voyes licites et légitimes, Voulons et entendons qu'aucun maitre ne puisse parvenir à la jurande ni à la maitrise de confrairie par brigues, monopoles, intelligences, festins, présens, ny autres voyes illicites et deshonnestes, ains par la pluralité des voix à la manière accoutumée.

XXX

En cas qu'il faille pour la conservation de ladítte communauté et des presens statuts, entreprendre un procès, seront tenus les jurés de faire assemblée par billets qui seront portés par le clerc d'icelle, à tous les maitres au lieu accoutumé à faire les assemblées pour deliberer sur le sujet proposé par lesdits jurés, et s'il se trouve juste et légitime par la pluralité des voix il en sera fait un resultat qui sera écrit dans le livre des deliberations, lequel resultat sera souscrit et signé de tous les maitres qui y auront donné leurs voix et suffrages et à fin que telles convocations d'assemblées ne soient infructueuses par l'absence des maitres convoqués qni ne s'y voudroient pas trouver, ny que lesdits jurés sur ce mepris ne puissent de leur mouvement entreprendre ledit procès, seront tenus lesdits maitres convoqués de se trouver auxdites assemblées à peine de 48 sols parisis d'amende applicable moitié à la confrairie, et l'autre moitié aux jurés, si ce n'est que les défaillans ayent cause légitime, ou d'absence ou de maladie.

XXXI

Les maitres de confrairie se feront et éliront en la maniere accoutumée qui est le premier dimanche du mois de may d'après la Saint-Marc, patron de la Communauté et lesquels sortans de charge seront tenus de rendre compte de ce qu'ils auront reçu et mis pendant leur année des deniers appartenans à laditte communauté et confrairie, ledit jour, et acquitter l'Eglise et autres choses dépendantes de leur ministère avant la reddition de leurs comptes qui se fera en présence des jurés et anciens de Confrairie, à peine de cinquante livres d'amende applicable à ladite Confrairie.

XXXII

Et d'autant que lesdits vitriers, peintres sur verre ont cy devant payé aux Rois nos prédécesseurs et à Nous a l'avenement à la Couronne, la somme de 3.000 livres pour la confirmation et jouissance de leurs privileges, par les lettres qui seront cy après obtenues pour la confirmation des présens statuts il y sera fait mention de la jouissance et confirmation et ordonné qu'iceux maitres jouiront à l'avenir du contenû ès déclarations du 24 octobre 1643 et 20 octobre 1657 et Arrèts du Conseil rendus en conséquence et demeureront à l'avenir, exempts et déchargés des réceptions de maitres de laditte vacation en leur Communauté, sur les lettres provenantes des avenemens des Rois à la Couronne, Majorités, Mariages,

Entrées dans les Villes, Naissances de Dauphins, Enfans de France et Premier Prince du sang, Couronnements, Entrées et Régences des Reines, Retour des Enfants de France et de tous autres titres que ce soit, pour lesquels l'on pourroit cy-après créer des Maistres de chacun mestier ; pour laquelle grace et dispense ils ont payé les sommes de 3.000 livres auxquelles ils auroient été taxés en exécution desdites declarations. Et pour que laditte communauté demeure déchargée à l'avenir d'admettre aucun maitre en vertu de telles créations, ainsy qu'il est plus particulierement porté par lesdittes déclarations, attendu la finance pour ce payée, sinon dans les formes ci dessus prescrites (1).

XXXIII

Et comme depuis quelque temps ils seroient survenus de grands procès entre quelques maitres particuliers de laditte communauté, à cause des élections des jurés d'icelle qui se faisaient confusément et maitres chef-d'œuvriers avec des maitres de lettres (2) ; lesquels procès ont causé des haines et inimitiés irreconciliables entre lesdits particuliers, leurs femmes et enfans et fait d'ailleurs négliger les affaires de laditte communauté et continuer les désordres dans les élections et dans l'inob-

(1) Hélas, cette exemption perpétuelle ne fut qu'un leurre et les lettres de faveur délivrées par le souverain ne disparurent pas pour toujours !

(2) Ce sont encore les maîtres *sans qualité*.

servation des anciens statuts, par le moyen desquels toute ladite communauté était sur une déchéance qui luy eut pû causer sa ruine entiere, s'il n'y eut été pourvû par notre Cour de Parlement par son arrêt du 23 février 1665, rendu contre quelques maitres d'icelle par lequel et pour remédier aux désordres et rétablir les choses dans l'ancien état, auroit été ordonné que les deux jurés qui seront élus en la presente année 1665, seroient deux anciens bacheliers de chef d'œuvre avec deux anciens bacheliers et chef d'œuvriers qui seroient aussi élus avec eux... Et afin que les maitres, leurs enfans et successeurs puissent à l'avenir vivre sans procès, mais en frères, bonne union et concorde ainsi qu'eux et leurs predécesseurs ont toujours vécu, Ordonnons qu'aucun maitre de lettres dudit Art et métier ne pourra être incorporé dans le corps des maîtres vitriers, peintres sur verre chef d'œuvriers de Paris, ny sans cette qualité parvenir ny être admis à la maitrise et jurande, ny de confrairie, qu'ils n'ayent fait leur experience en la maison d'un des jurés en charge exceptés les séxagénaires et autres anciens maitres de lettres qui ont passé toutes les charges de jurande et de Confrairie qui pourront à cause de ce et de leur longue et bonne experience assister aux chefs d'œuvre et tout ainsy que les maitres vitriers de chef d'œuvre.

L'article 34 qui suit, règle les usages du lotissement du verre arrivant à Paris. Les maitres ne devront pas prendre plus de marchandises que leur travail l'exige, à peine de 50 livres d'amende applicable par tiers à l'hôpital général, à la confrérie et au dénonciateur.

L'article 35 recommande aux maîtres de bien observer et exactement leurs statuts, d'une façon inviolable et perpétuelle,

Suivent les lettres patentes du roi portant confirmation de ces statuts, avec enregistrement, en date du 19 avril 1666.

Signé: Du Tillet.

*
* *

Nous attirons l'attention du lecteur sur le texte de l'article XXXII ; il nous rappelle que, dans de nombreuses occasions, les monarques, au mépris des règlements des métiers, vendaient des lettres de maîtrise à des individus souvent très incapables et quelquefois même étrangers aux métiers, car ce droit qu'ils s'étaient arrogés s'imposait alors à toutes les communautés. Tout prétexte était bon pour tirer finance des métiers; toutes les cérémonies royales donnaient lieu à ces lettres de maîtrise qui obligeaient les communautés professionnelles à recevoir dans leur sein des hommes ignorants, que du reste, elles tenaient autant que possible tout-à-fait à part, excepté, cependant lors des grandes réunions qui ne pouvaient leur être interdites.

Les lettres de maîtrise accordées par la faveur, datent du règne de Louis XII; elles dispensaient de toutes épreuves, expériences et chefs-d'œuvre, ceux qui les obtenaient à prix d'argent.

L'article XXXII dont nous parlons et qui rappelle ce que l'on appelait autrefois le « droit de joyeux avènement », exempte la communauté des vitriers et peintres sur verre de ces lettres; mais il lui faut payer, pour éviter l'humiliation de recevoir les *maîtres sans qualité*, la somme de trois mille livres. C'est ce que l'on appelait le rachat des lettres de maîtrise.

*
* *

On trouve, à la date du 2 juillet 1668, un arrêt du Parlement qui touche la Communauté des peintres; mais nous ne pouvons que le mentionner, car il s'agit de peinture et de dorure d'éventails et ceci est tout-à-fait en dehors de notre sujet (1).

(1) D'autres démêlés avec les éventaillistes et les doreurs sur cuir sont mentionnés dans les années suivantes; ils donnèrent lieu à divers arrêts du Parlement et à des sentences de police.

*
* *

Les sentences de police des 27 mars et 20 septembre 1669, concernent surtout la confrérie de la communauté des peintres, association religieuse et en même temps sorte d'institution de secours mutuels qui secourait les vieillards, les orphelins, faisait au besoin les frais de mariage et des funérailles.

Celle-ci était sous l'invocation de saint Luc, patron de la corporation. Sa chapelle était la petite église Saint-Symphorien, dans la Cité, à côté et au sud de Saint-Denis de la Chartre, au coin des rues de la Lanterne et des Marmouzets; cet édifice datait de la première race de nos rois. Il porta ensuite le nom de chapelle de Saint-Luc et les peintres placèrent au-dessus de l'autel, un tableau représentant leur patron (1).

Voici la première de ces sentences de police :

A tous ceux qui ces presentes lettres verront, PIERRE SEGUIER, garde de la prevosté de Paris, etc. Salut.

Avons ordonné que la charge de maistres de confrairie de ladite communaulté est et demeurera pour l'avenir éteinte et supprimée, la fonction de laquelle sera faite par les deux jurés en charge derniers reçeus,

(1) En 1704.

entre les mains desquels lesdits maistres de confrairie de présent en charge, seront tenus incessamment de remettre les ornements et choses dependantes de la chapelle, quoy faisant ils en demeureront valablement déchargés. Seront les deniers dus et appartenant a ladite communauté et qui proviendront des receptions des aspirans a la maitrise ou autrement, mis dans une boëte, dont sera fait estat et un registre pour demeurer dans la chambre de ladite communauté (1), sur lequel registre sera ecrit, par le dernier des jurez en charge, ce qui sera mis dans ladite boëte, et ce qui en sera retiré, et a ceste fin seront les jettons et deniers mis entre les mains desdits jurez, dont ils rendront compte.

Seront aussi doresnavant distribuez des jettons d'argent, de la valeur de quinze sols piece, aux maistres qui seront mandez aux receptions des aspirans, sçavoir quatre aux jurez faisant la charge de maistre de confrairie; deux jettons a chacun des anciens au nombre de douze seulement, deux au garde-registre de la communauté, et un jetton a chacun des jeunes qui seront mandez au nombre de six: avec défenses de prendre autre droit pour leurs assistances, a peine de cent livres d'amende contre les contrevenans. Ne pourront se trouver auxdites assemblées autres maistres que ceux

(1) C'est le bureau de la communauté. Il était installé dans la Cité, auprès de la chapelle de la confrérie.

qui y seront mandez, et les jettons de ceux desdits mandez qui ne se seront trouvez auxdites assemblées seront mis dans la boëtte au profit de ladite communauté ; et pourra l'aspirant choisir pour son meneur (1) tel des anciens maistres que bon luy semblera, tous lesquels maistres seront tenus de se comporter modestement à peine d'amende...

Ce fut fait le mardi 27e jours de mars 1669.

La seconde sentence est ainsi conçue :

A tous ceux qui ces presentes lettres verront, ACHILLE DE HARLAY, conseiller du Roy en ses conseils, procureur general de Sa Majesté et garde de la prevosté et Vicomté de Paris, le siege vacant, Salut.

Sçavoir faisons que veu la requeste a nous presentée par les jurés de la communauté des maitres peintres et sculpteurs de cette Ville de Paris, de la compagnie de Saint Luc, tendant a ce qu'il nous plust au reglement rendu a ladite Compagnie, le 27 mars dernier, adjouter les droits des jettons des deux anciens jurez qui font la charge de jurande, dont il n'estoit point parlé par ledit reglement, mais seulement des deux jurez qui font la charge de maitres de confrairie, comme aussi augmenter d'un jetton a chacun des maitres mandez, sçavoir aux douze anciens chacun trois jettons, et aux six jeunes

(1) *Meneur* : celui qui présentait l'aspirant, lui servait de parrain.

chacun deux, et ce sans prejudicier aux autres droits anciens de justice, puisque lesdits jettons ne sont baillez qu'au lieu de beuvettes et festins que les aspirans a la maitrise avoient coutume de faire; et outre ordonner a l'esgard de la confrairie qu'elle sera payée en la manière accoutumée, qui est de dix sols chaque maistre pour les deux festes de l'année; et quant aux pains benis qui se rendoient tous les dimanches, seront rendus seulement une fois le mois et aux festes de saint Luc et saint Jean, en la maniere accoutumée.

Nous, ayant aucunement egard à ladite requeste, avons ordonné qu'au lieu des deux jettons d'argent, qu'il est dit par notre reglement qui seront baillez a chacun des douze anciens maistres qui seront mandez aux receptions des aspirans, il leur en sera donné à chacun trois, pour eviter a l'inconvenient que les anciens maistres, n'ayant que deux jettons au lieu de ce qu'ils prenoient cy-devant, ne se trouvent en nombre suffisant; et au surplus, sera nostredit reglement executé...

Fait le vendredy 20e septembre 1669 (1).

***

Le 9 mars 1679, un arrêt du Parlement, relatif à la réception à la maîtrise des peintres, ordonne une nouvelle répartition des jetons de présence

(1) Collection LAMOIGNON; XV. 431, 652.

alloués aux maîtres : les douze anciens recevront quatre de ces jetons et les six jeunes chacun deux. Les jetons destinés aux absents seront mis dans la boîte, au profit de la communauté.

De plus, les aspirants à la maîtrise seront envoyés, suivant l'ordre du tableau, pour faire leur chef-d'œuvre, chez les maîtres qui auront passé par les charges, « à la reserve toutefois des fils de maistres, qui pourroient se faire conduire par leur père, pourvu qu'il soit ancien, ayant passé par les charges » (1).

On est surpris de voir intervenir le Parlement dans d'aussi minces affaires qui ne sont autre chose que des articles de règlement intérieur.

*
* *

Un autre arrêt du Parlement, concernant les vitriers, ordonne :

« Que les marchandises de verrerie qui seront admenées en ceste Ville de Paris, seront mises ès mains du Renard et du Grand Cerf, sises rue Saint Denys (2), pour estre veues et visitées dans les 24 heures par les

(1) Idem, XVI, 904.

(2) Célèbres hôtelleries du temps passé dont le passage du Grand-Cerf et la rue du Renard nous rappellent les noms. L'auberge du Renard était dite du " Renard rouge ". Nous la verrons souvent figurer dans les documents suivants, concernant les vitriers.

jurez vitriers, pour veoir si elles sont bonnes, loyales et marchandes ; lesquels jurez seront tenus d'en avertir les maistres vitriers par le clerc de leur communauté, et seront lesdites marchandises loties entre les maistres vitriers qui en auront besoin en la manière accoustumée (1) ».

*
* *

On a vu, dans nos précédentes études, les diverses communautés de métier subir la création d'offices inutiles, mais profitables au trésor royal, et être dans l'obligation de les racheter au moyen d'emprunts ruineux sur leurs biens et leurs recouvrements futurs, de ventes d'objets mobiliers servant à la chapelle de la confrérie, etc. Les peintres-sculpteurs, malgré leurs privilèges, n'échappèrent pas à ces véritables exactions. Nous le verrons plus loin.

A l'époque où nous en sommes, c'est-à-dire sous le règne de Louis XIV, c'est la communauté des vitriers qui est d'abord frappée par ce que l'on appela « l'union des jurés à la communauté ». Or, ces jurés étaient, non pas ceux que la corporation avait le droit d'élire, mais bien des personnages quelconques revêtus de cette fonction par le roi, nommés à vie, avec charges héréditaires.

(1) Collection Lamoignon ; XVI, 921.

Le 3 juillet 1691, nous trouvons donc une déclaration du Roi qui unit à la communauté des vitriers les offices de jurés, pour la somme, énorme pour le temps, de 14.000 livres. Il est permis à la malheureuse communauté de vendre les objets en argent qu'elle possède et « d'emprunter le surplus ».

Cette déclaration royale fixe la quantité et le prix des visites des jurés ; la valeur des brevets de réception etc., etc. Voici, du reste, de quelle façon elle s'exprime à ce sujet : Il sera fait quatre visites par an, à 20 sols chaque ; il sera payé 15 livres par brevet ; 150 livres pour réception d'un ouvrier à la maîtrise, outre les droits ordinaires ; 90 livres pour la réception d'un gendre de maître ; 50 livres pour celle d'un fils de maître et seulement 25 livres pour celle du fils d'un juré. Ces droits constituent une augmentation sur les anciennes redevances et cela, afin d'aider à la libération de la communauté fortement endettée.

Chaque panier de verre ordinaire acheté par un maître sera frappé d'un droit de cinq sols ; le verre blanc paiera quinze sols ; le verre en table, *pour chaque balle de 25 liens, chascun lien de six tables*, paiera aussi quinze sols.

Enfin, lorsque le verre arrive par voiture, le transporteur devra faire sa déclaration au bureau de la communauté et chaque voiture paiera, en outre, un droit de trente sols (1).

Le verre en *plats* ou plateaux, ou à *boudinés*, comme on le trouve désigné dans les documents officiels que nous reproduisons, n'était plus fabriqué en France, depuis bien longtemps. Ces carreaux de verres en plat étaient inégaux d'épaisseur, gauches, ondulés et le noyau auquel adhérait l'outil (pontil) était assez saillant pour amener un fort déchet. Mais il avait plus d'éclat que le verre fabriqué par le procédé du cylindre.

Ce que l'on appelait *paniers* étaient des sortes de cages en bois blanc plus larges par le haut que par le bas; elles étaient garnies de paille dans le fond et sur les côtés et renfermaient chacune 24 feuilles de verre ou *plats*, séparées par des baguettes de bois aussi garnies de paille (2).

Les plus anciennes verreries françaises qui fabriquèrent le verre à vitres, existaient au XIVe siècle, sous Philippe VI et le roi Jean. On cite celle de Bezy-la-Forêt, qui fonctionnait en 1302.

*
* *

Les peintres et sculpteurs furent éprouvés de la

(1) Extrait de la collection LAMOIGNON, XVIII, 262.

(2) Depuis, le verre fut vendu *en paquet*, le *paquet* équivalant à 60 pouces, soit 1 mètre 62 de surface.

même manière, en la même année 1691. La munificence royale les gratifia d'offices de jurés et d'auditeurs-examinateurs des comptes, dont ils se seraient fort bien passés. Un arrêt du Conseil et des lettres-patentes des 15 mai et 10 juillet 1696 prononçèrent l'union de ces offices, absolument superflus.

Voici le texte de ces actes (1) :

EXPOSÉ : Pendant que la Communauté cherchoit les deniers necessaires pour payer la finance des quatre offices, des maitres les auroient prevenus et levé ces offices pour lesquels ils auroient payé la finance et obtenu des lettres de provision. Deux de ces offices n'appartenoient point a ceux qui en estoient pourvus, et le sieur Damon, qui les avoit levez en leur nom, les auroit revendus a la Communauté le 5 juin et 17 juillet 1695 pour six mille livres chacun. Le Roy auroit ensuite ordonné que les auditeurs examinateurs des comptes demeureroient reunis ; mais comme l'état irregulier ou se trouvoit la communauté sur ce qu'il y avoit deux jurés en titre d'offices et deux electifs, rendoit plus difficiles les emprunts, les pourvus de ces deux offices auroient bien voulu s'en demettre pour la somme de six mille livres chacun et les frais a payer par la Communauté...

(1) Collection LAMOIGNON ; XIX, 702.

Le Roy en son Conseil ayant esgard a ladite requeste, ordonne que les deux offices d'auditeurs examinateurs des comptes des maistres peintres et sculpteurs demeureront réunis a leur Communauté, en payant par elle la somme de dix huit mille livres, principal, et dix huit cents livres pour les deux sols pour livre, en trois paiemens ; et elle jouira de trois cens livres de gages effectifs attribuez auxdits offices et du droit royal...

Ordonne aussi Sa Majesté que les quatre offices de gardes et jurez creez par ledit edit de 1691 demeureront reunis a ladite communauté, en consequence des contrats de vente et concessions faites a son profit par les titulaires et proprietaires desdits offices, lesquels seront exercés par ceux des maistres qui seront eleus jurez par tous les anciens maistres, vingt modernes et vingt jeunes...

Permet d'emprunter la somme de vingt mille livres pour les examinateurs et les sommes dues pour les offices de jurés et ordonne que le prix de visite sera porté de six a neuf livres par an ; pour une reception à la maitrise par chef-d'œuvre vingt livres en plus des 190 livres ; et pour les gendres et fils de maistres dix livres en plus.

Les statuts seront exécutés selon leur forme et teneur et pour l'execution du present arrest toutes lettres necessaires seront expédiées.

*
* *

Autre union d'offices à la communauté des vitriers, en date du 7 août 1696. Il s'agit aussi, pour eux d'auditeurs examinateurs de leurs comptes qu'ils avaient, jusque-là, très bien examinés eux-mêmes.

Par arrêt du Conseil, le Roi ordonne que la communauté des maîtres vitriers, peintres sur verre, paiera la somme de dix mille livres pour la finance des offices de ces auditeurs examinateurs créés par édit de 1694, plus mille livres pour les deux sols par livre. Les offices sont dès lors unis à la communauté.

Le Roi permet, en outre, d'emprunter ces sommes sur tous biens et gages et d'ajouter trois sols de droits par chaque panier de verre, « dont les jurez seront garants ». Il sera dressé un rôle des maîtres en état de contribuer au paiement de ladite finance par le prêt de sommes dont il leur sera payé intérêt.

*
* *

Le *Livre commode des Adresses de Paris pour 1692,* nous indique, parmi les peintres de ce temps, Guillaume Anguier qui était « fort recherché pour les tableaux d'architecture et les ornements et

*
* *

Francart, qualifié « peintre des bâtiments du Roy ». C'étaient deux peintres décorateurs qui faisaient partie de l'Académie royale (1).

A l'article intitulé : « Peintures, sculptures et dorures pour les ornements et décorations des appartemens, boutiques, etc. », on trouve les indications qui suivent :

Les jurez en titre d'office des Maitres peintres, sculpteurs et doreurs sont Messieurs Maçon, rue du Verbois, Béton, près le Palais Royal, Rosé, rue des Fossez-Saint-Germain et de la Porte, à Petit-Pont (2).

La Chambre où les Maitres peintres et sculpteurs font leurs assemblées, est présentement rue de la Verrerie.

Les Peintres et sculpteurs qui travaillent pour le Roy, donnent aussi quelquefois leur temps pour des ouvrages particuliers, lorsqu'ils sont considérables.

Entre les peintres renommez dans le public pour les ornemens et décorations, on estime Messieurs le Moyne le Lorrain, aux Galeries du Louvre, le Moyne de Paris, cul de sac Saint-Sauveur, etc.

Entre les peintres renommez pour feindre le marbre,

(1) Le *Livre Commode* ; réimpression de la *Bibliothèque elzévirienne* ; II, 97.

(2) C'est-à-dire sur le Petit Pont, qui était alors couvert de maisons.

on compte Messieurs Binois, près Saint-Innocent, Valencé, rue du Petit-Lion, etc., (1)

Ces artistes étaient aussi, soit de l'Académie royale, soit de celle de Saint-Luc.

Un auteur estimé du même temps, Liger, indique « qu'un autre genre de peintres » d'ordre plus modeste, se trouvent : « lorsqu'on en a besoin, dans la rue du Haut-Moulin, où est leur chapelle (2). On les y voit tous les dimanches et les fêtes au sortir de la messe. »

Nous reprenons les citations du *Livre commode :*

M. des Oziers, Doreur qui travaille pour le Roy, entreprend aussi pour le public de grands ouvrages (3).

Les entrepreneurs de Sa Majesté sont pour la vitrerie, Messieurs Pougeois, vieille rue du Temple, Gombaud, rue Saint Thomas du Louvre et la veuve Janson, rue de l'Arbre sec (4).

Le *Livre commode* nous fait aussi connaître, pour les travaux du bâtiment, une grande quantité de prix, sous forme de séries ; ce sont évidem-

(1) *Livre Commode* ; II, 144.

(2) C'était le nouveau nom de la rue de la Cité où se trouvait la chambre des peintres, auprès de Saint-Simphorien ou chapelle de Saint-Luc.

(3) *Livre Commode* ; II, p. 146.

(4) Idem ; II, p. 90.

ment les plus anciens tarifs que l'on connaisse. Pour la peinture, voici ce que nous y trouvons (1) :

L'or *sculpé* (2) couvert, vaut le pied carré deux livres cinq sols, l'or bruni deux livres dix sols, l'or bruni *sculpé* trois livres quinze sols, l'or *bretelé* trois livres, l'or repassé uni deux livres, l'or uni a découvert deux livres cinq sols, l'or *sculpé* a découvert deux livres quinze sols, la mosaïque trois livres.

L'impression en huile de jaune de coûleur de bois de luth (3) à deux couches, quatre livres quinze sols la travée ayant six toises de superficie qui montent à deux cens seize pieds (4).

L'impression deux couches de blanc de céruse avec huile de noix, sept livres la travée.

L'impression à deux couches de jaune et de blanc en détrempe, deux livres cinq sols la travée.

La toise carrée de bois veiné en huile, deux livres dix sols, et en détrempe une livre dix sols.

Les ornemens de cheminée marbrez et jaspez en huile par un bon ouvrier, réduits a la travée, trente six livres, et en ouvrage commun, vingt quatre livres.

Le même ouvrage en détrempe par un bon ouvrier, trente livres, et en commun ouvrage, vingt livres.

(1) *Livre Commode* ; II, p. 149.
(2) Il s'agit ici de la dorure sur les sculptures.
(3) Décor figurant le bois employé par les luthiers.
(4) La travée était alors l'unité de mesure.

Le vermillon et la laque valent trois livres le pied.

Le brun rouge vingt sols la toise.

Le nettoyement et le rechampissage, deux livres dix sols la toise.

Le verny, même prix.

L'impression pour les berceaux peints en vert de montagne avec une couche de blanc de céruse, et deux couches de vert sur eschallas espacez de six pouces, trente cinq sols la toise.

Les couleurs et pinceaux ordinaires se vendent aux environs de l'Aport de Paris (1) chez plusieurs épiciers et broyeurs.

Ouvrages de vitriers.

Les vitriers entrepreneurs des Batimens du Roy entreprennent aussi les ouvrages des particuliers.

M. Pougeois, l'un desdits Entrepreneurs qui demeure vieille rue du Temple, fait grand commerce de verre blanc pour les tableaux et estampes.

Entre les autres maitres vitriers qui font de fortes entreprises sont messieurs Cornu rue Dauphine, Abraham rue de l'Echarpe, Taboureux place du Collége Mazarini, etc.

Le verre commun de Lorraine arrive au faubourg saint Antoine et au Renard, rue saint Denis.

(1) L'*Apport* était le lieu où l'on apportait les denrées et marchandises. A Paris, on appelait le marché du Grand Châtelet l'Apport de Paris, ou plus simplement *l'Apport-Paris*.

Le prix des ouvrages de vitrerie est pour :

Le Panneau neuf de verre de France posé en place, le pied carré . . . . 6 sous.

Le Panneau mis en plomb neuf et posé en place, le pied carré . . . . 4 sols.

Le Panneau relavé et mis en place vaut . . . . 1 s. 6 deniers.

Le Pied de patron pour les panneaux 1 sol.

Les carreaux de verre blanc d'un pied en carré ou environ, valent depuis cette grandeur en dessous, le pied . . . . . . 15 sols.

Et au dessus d'un pied en carré, le pied . . . . 20 à 25 sols.

Le carreau de verre de France d'un pied en carré, colé avec papier, vaut 7 sols, et en place. . . . . 8 sols.

Les lanternes ordinaires, la pièce . . 3 livres.

Les lanternes mises en plomb neuf . 4 livres.

Les lanternes nettoyées. . . . . 10 sols.

Les verges de vitres, le pied . . . . . 1 s. 6 d.

Un carreau de verre de quatorze à quinze pouces de haut sur dix à onze pouces de large (1), vaut 7 sols 6 deniers collé avec papier, et en plomb. . . . . 8 s. 6 d.

Un carreau relavé et mis en place, grand et petit . . . . 6 d.

Un carreau de papier fin huilé, grand ou petit, un sol, ou suivant sa grandeur 9 d.

Calfeutrage de carreaux des croisées, la pièce . . . . 6 d.

(1) Environ 0 m. 40 sur 0 m. 30.

On voit que les vitriers ne posaient pas que des vitres de verre et que les carreaux de papier huilé étaient en usage au XVIIe siècle. Nous avons dit que l'ouvrier qui faisait ce travail lorsqu'il s'y attachait spécialement, était désigné sous le nom de *chassissier* ou *d'enchassisseur.*

D'autre part, lorsque les vitres n'étaient pas mises en plomb, elles étaient retenues par des pointes et des bandes de papier collées au pourtour, « L'abbé Jaubert », dit Edouard Fournier, « est le premier qui parle du mastic, sans dire que l'emploi en fut encore très répandu (1). On peut aussi, dit-il, sans employer ni pointes, ni papier, fixer le carreau de verre avec du lut composé de craie et d'huile de lin cuite. On forme, avec ce lut que les vitriers appellent *mastic*, un petit bourrelet que l'on met autour du carreau et que l'on aplatit ensuite avec le doigt. »

Quant aux lanternes que l'on voit figurer dans le tarif qui précède, ce sont celles dont on éclairait Paris depuis leur établissement par le lieutenant de police de la Reynie ; elles étaient garnies de petits vitrages mis en plomb. C'était, on le voit, les vitriers qui les fabriquaient. Elles étaient attachées aux murs des maisons et, comme elles étaient l'objet d'un service public, on sonnait dans

(1) Dans son *Dictionnaire des Arts et Métiers.* 1773. IV, 421, La citation est du *Livre Commode.* II, 139 ; note de b. d. p.

les rues pour avertir de lâcher la corde qui les retenait, afin que l'on procédât à l'allumage. Les lanternes étaient allumées du 20 octobre au 1er avril. Les reverbères leur succédèrent en 1769. D'autres lanternes, et ce sont probablement celles que l'on appelle ici des « lanternes ordinaires » servaient aux usages de l'intérieur ou étaient portées par des *fallots* qui accompagnaient les gens la nuit, à travers la ville.

*
* *

Le bureau des marchands verriers était installé dans l'hôtellerie du Renard, dont nous avons parlé, rue Saint-Denis. C'était là que l'on déchargeait toutes les marchandises de leur commerce et qu'on les divisait en lots sous la surveillance des jurés, en en réservant une certaine partie aux acheteurs bourgeois.

Les verres à vitres arrivaient surtout de Normandie. La petite cité gallo-romaine de Lyons-la-forêt possédait quatre verreries et ces établissements étaient dirigés par des gentilshommes verriers qui, par contrat, s'étaient engagés à fournir le verre nécessaire à la consommation de Paris, comme nous le verrons indiqué plus loin.

Autrefois les verreries étaient toutes situées à proximité des forêts ; aujourd'hui, elles sont rapprochées des houillères. Les verreries normandes envoyaient leurs produits à l'étranger : en Angleterre, en Hollande et jusqu'en Espagne et en Portugal. Et c'est cette exportation, relativement considérable, qui fit renchérir le verre et c'est aussi pourquoi l'Etat intervint, comme nous le voyons à diverses reprises dans le cours de cette étude, pour réglementer l'envoi à Paris et fixer les prix de cette marchandise. Mais les obligations imposées firent éteindre les fours de trois des verreries normandes, ces prix étant devenus insuffisants.

*
* *

Un édit de 1700 défend de dorer et d'argenter les carrosses et « d'y peindre en dehors autres choses que les armes avec les couronnes et les chiffres de ceux à qui ils appartiennent ».

Cet édit fut renouvellé quelques années plus tard (1), avec les mêmes défenses, sous peine de confiscation, de trois mille livres d'amende et de déchéance de la maîtrise.

Les métaux précieux étant devenus rares en France; ils ne devaient plus être employés que pour battre monnaie.

(1) Le 5 mai 1711. Les peintres décoraient les carrosses et il était interdit aux fabricants de voitures de peindre leurs ouvrages. (Voyez : Statuts de 1730, article X, p. 163).

Un atelier de vitrier peintre sur verre, au XVIIIe siècle.

CHAPITRE V

XVIIIe SIÈCLE

Arrêt du Conseil concernant les vitriers; union d'offices (1703). — Création d'une école professionnelle par les peintres et sculpteurs (1703). — Union d'offices aux peintres-sculpteurs (1705). — Sentence de 1711. — Arrêts du Conseil; les verriers normands (1714, 1719). — Sentences et arrêts divers (1721 à 1731). — La Communauté des peintres et sculpteurs et l'Académie de Saint-Luc; nouveaux statuts (1730). — Sentences et arrêts concernant les maîtres de l'hôpital de la Trinité, la durée de la journée de travail, l'arrivée des verres à Paris, etc. (1732 à 1760). — Les Communautés supprimées et rétablies en 1776; supprimées définitivement en 1791. — Pourquoi les maîtres-peintres de la Communauté ont-ils tous été académiciens?

Par arrêt du Conseil, en date du 27 février 1703, l'office de trésorier-payeur des deniers communs fut réuni à la Communauté des vitriers, pour la somme de 12.728 livres. En même temps, cet arrêt confirme l'union à la même communauté, des offices de jurés et d'auditeurs-examinateurs des comptes, avec les droits, privilèges et exemptions qui y sont attribués. Mais ces droits étaient bien peu de chose en regard des nouveaux emprunts qu'il fallut faire pour payer les nouvelles redevances. Furent-ils même recouvrés ? Cela est plus que douteux.

*
* *

A la louange de la Communauté des peintres et sculpteurs, nous constatons que, seule dans la grande industrie de la construction, elle institue officiellement, en 1703, une école professionnelle de dessin. Par lettres-patentes royales, en date du 17 novembre de cette même année, elle est autorisée à installer cette école dans une partie de la Chapelle Saint-Symphorien de la Cité, devenue Chapelle Saint-Luc, siège de la confrérie de la corporation. Il est évident que le succès de cette école spéciale au métier, inspira plus tard à la Communauté, l'idée de la fondation de l'Académie de Saint-Luc, dont nous trouverons le règlement d'organisation dans les statuts de 1730, que nous reproduisons plus loin. Peut-être cette école portait-elle, dès son origine, le nom d'*Académie*, comme un certain nombre d'autres réunions ou assemblées diverses du même temps.

*
* *

Une déclaration du roi du 17 novembre 1705, ordonne l'union de l'office des trésoriers-payeurs à la Communauté des peintres et sculpteurs. Elle en est quitte pour la somme de 18.182 livres, plus 1.800 livres pour les deux sols.

A cette occasion, il fut ajouté cinq articles aux statuts de cette Communauté. Il y est stipulé que chaque maître n'aura qu'un apprenti et que la durée de l'apprentissage est fixée à cinq ans, avec un droit de huit livres, prix du brevet ; que le prix de la maîtrise est : pour les aspirants sans aucune qualité, de 300 livres ; pour ceux ayant qualité d'apprentis, de 250 livres. Les fils et les gendres de maîtres ne paieront que 150 livres et ceux des anciens ayant passé par les charges de la Communauté, 90 livres. Bien entendu, il s'agit d'une augmentation de ces droits, pour permettre de faire face aux dépenses imposées à la Communauté par le rachat des offices, déguisé sous la désignation d'*union*.

*
* *

Une sentence du 2 septembre 1711 concerne les cérémonies. Il est décidé que les deux jurés, l'un peintre, l'autre sculpteur auront, d'année en année, le pas l'un sur l'autre et qu'ils auront, à tour de rôle, le premier rang au bureau et la première place dans la chapelle de la confrérie. Ainsi les pouvoirs publics d'alors s'immisçaient même dans de misérables questions de préséance !

*
* *

Le 24 avril 1714, intervient un arrêt du Conseil d'Etat portant règlement entre les vitriers de Paris et les maîtres-verriers de Lyons, en Normandie.

Ce document (1) indique que, par un arrêt postérieur, il avait été convenu que le verre ne devrait être vendu que 22 livres par panier « jusqu'à ce que par Sa Majesté il en eut eslé autrement ordonné » et qu'il serait permis aux maîtres vitriers parisiens de le faire voiturer dans leur boutique, sans qu'il fut sujet à lotissement. Mais que depuis, les maîtres des verreries de la forêt de Lyons en Normandie, qui devaient fournir le

(1) Collection Lamoignon ; XXV, 492.

verre à vitres pour la consommation de Paris n'en envoyaient plus, ce qui fit renchérir cette marchandise, de façon que le verre revenait à 28 et 30 livres le panier. Plus de 250 vitriers manquant de verre, ne pouvaient plus, dès lors, contenter le public et subsister, eux et leurs familles.

Les vitriers demandaient que les verriers de Lyons fussent tenus d'envoyer à Paris quatre charretées de verre par semaine, pour être loties entre eux; chaque charretée contiendrait onze paniers, dont neuf seraient de verre fin et deux de second choix. Chaque panier renfermerait 24 *plats;* le *plat* ne pourrait être moindre de 40 pouces en tout sens. Sur les 24 plats, il y en aurait au moins 18 entiers. Les paniers seraient payés à raison de 22 livres l'un pour les verres fins et de 20 livres pour le *verre second.*

Mais les verriers, vu l'augmentation des matières premières et des salaires, demandaient 26 livres du verre fin et une augmentation sur le second choix; le *groisil* (1) serait payé par eux seulement « sur le pied de 4 livres 15 sols, le baril de demy-muid, y compris le vin des garçons. »

L'arrêt ordonne que les quatre charretées contenant les quantités et le verre de dimension

(1) C'est-à-dire le verre brisé: on dit mieux *grésil.*

exigés par les maîtres vitriers seront rendus à Paris toutes les semaines, sous peine de 200 livres d'amende; mais le prix est fixé à 24 livres pour le verre fin et à 22 livres pour le *second*, payables comptant. Le *groisil* sera payé 4 livres 15 sous le baril, « y compris le vin du garçon. »

Le lotissement aura lieu comme d'usage.

*
* *

Par sentence rendue par le lieutenant général de police, en date du 15 janvier 1715, il est ordonné que tous les verres arrivant à Paris seront apportés au Bureau de la Communauté, pour être lotis entre les maîtres de la communauté des vitriers et non pas voiturés directement chez quelques-uns d'entre eux. Les jurés qui n'avaient pas cru devoir se rendre à l'hôtel du lieutenant général de police pour se défendre de cette infraction aux règlements, furent condamnés, par défaut, aux dépens.

*
* *

Un arrêt du Conseil du 25 juillet 1719, rappelle la précédente sentence qui n'avait pas été exécutée par les sieurs Descaraux, du Buisson, Le Vaillant et Frolant, « maitres et entrepreneurs des quatre verreries de Lyons, en Normandie ». Cet arrêt ordonne que la fourniture des verres sera effectuée comme il a été dit, *pendant trois années*, à peine de 200 livres d'amende par chaque contravention. Le prix est fixé à 23 livres le panier de verre fin et à 21 livres le panier de second choix. Le lotissement aura lieu, par les soins des jurés entre les maîtres vitriers présents à l'arrivée des marchandises.

« Deffend Sa Majesté à tous maitres vitriers de remuer et fouiller les paniers de verre, ny de mettre aucune marque dessous avant qu'ils ayent été visités et reçus par les jurés, à peine d'être déchus du lotissement pendant un mois » et d'être responsables des bris de verre.

Les voituriers devront conduire leur charge au bureau des vitriers et non ailleurs, « à peine de prison, 300 livres d'amende et de confiscation de leurs chevaux et charrettes ». Les maitres vitriers qui iraient au devant des voitures pour acheter le verre en route, seraient frappés d'une amende de 300 livres et déchus du lotissement pendant six mois.

Ces peines étaient très sévèrement appliquées; la police des temps passés a toujours surveillé de près les voitures et les gens qui les conduisent. Le 28 août 1571, un charretier fut condamné au carcan pour avoir juré et blasphémé; en 1638, un arrêt du Parlement fit subir la même peine à un autre charretier pour avoir occasionné quelque désordre dans le rang des voitures. Des ordonnances du Roi et du Bureau de la Ville (1) les menace du fouet en cas de refus de faire servir leur charrettes aux transports pour les bourgeois.

*
* *

Le 27 juin 1721, une sentence concerne les bordures qui, lorsqu'elles sont destinées à être dorées, ne doivent pas être de cuivre, à moins d'ordre exprès, mais bien d'argent bruni. Ces objets devront être marqués aux armes de la communauté avant d'y appliquer la dorure (2).

Il s'agit ici des bordures ou cadres de tableaux et de miroirs dont il est parlé dans les statuts de 1730 que nous reproduisons plus loin.

*
* *

Deux arrêts du Conseil, le premier en date du 27 septembre 1723, le second du 27 décembre 1729 accordent deux privilèges différents à la communauté des peintres et sculpteurs de la Ville de Paris, qui ont élu leur domicile en leur

(1) En date de 1661 et 1672.
(2) Collection LAMOIGNON ; XXVII, 261.

bureau, rue du Haut-Moulin, près Saint-Denis de la Chartre (1). Ils sont exemptés des lettres de faveur dites de maîtrise ou de don, en raison des dispenses déjà obtenues antérieurement et libérés du droit de confirmation.

* * *

Le 19 juin 1731, un arrêt du Parlement termine un procès intenté par les graveurs aux peintres et sculpteurs, auxquels ils voulaient interdire la gravure sur les dorures. L'arrêt est rendu en faveur des peintres et sculpteurs.

* * *

Tous les peintres et les sculpteurs de la corporation ne pouvant faire partie de l'Académie royale ou ne se croyant pas suffisamment considérés par les peintres et les sculpteurs qui ne s'occupaient que du grand art, leur Communauté décida de renouveler ses statuts et de donner plus d'importance à son école professionnelle et de dessin, en ajoutant à son titre celui d'*Académie de Saint Luc*, institution nouvelle dont tous les

(1) Nous avons indiqué, plus haut, l'emplacement exact de ce bureau, en la Cité.

maîtres de la corporation feraient partie. Ces nouveaux statuts, en 72 articles, furent intitulés : « *Statuts de la Communauté et Académie de Saint Luc, de peinture, sculpture, etc.* » ; ils comprirent les règlements de la Confrérie, avec présence obligatoire aux offices et reçurent, en 1730, l'approbation royale.

Voici le texte de ce document :

Les maîtres de la Communauté des maîtres peintres, sculpteurs, doreurs, etc... Supplient très humblement le Roy de vouloir bien leur accorder, en interpretation et confirmation des ordonnances, statuts, reglemens et privilèges anciennement octroyés à leur Communauté et contenus es registres du Chatelet de Paris, autorisés et augmentés par les Roys Henry II, le 4 may 1548, Henry III, le 22 novembre 1582, Louis XIII, en avril 1622, et reconnus par l'Arrest du Conseil d'Etat du 27 septembre 1723 :

I

Tous les maitres de la Communauté ne faisant qu'un même corps avec l'Académie de Saint Luc seront reputés membres d'icelle, et jouiront, en cette qualité, de toutes les prerogatives et privilèges attachés à la dite Communauté.

(1) *Recueil des peintres*. Paris, D'Houry, 1753 et *Les Métiers et corporations de Paris*, publication municipale ; II, 215.

II

Nul ne pourra se dire et estre sensé maitre de la Communauté et membre de l'Academie de Saint Luc, qu'il n'ait esté reçeu et reconnu par les directeurs, gardes anciens et autres maitres, assemblés à cet effet en la manière accoutumée, et qu'il n'ait presté serment en la presence de monsieur le procureur du Roy au Chastelet de Paris, et pris de luy des lettres de maitrise après avoir neanmoins justifié estre de bonne vie et mœurs, et professer la foi et religion catholique, apostolique et romaine.

III

Pourront et auront seuls lesdits maitres ainsy reçeus la faculté d'exercer dans toute l'étendue de la Ville, faulxbourgs et banlieue de Paris, lesdits arts de peinture, sculpture, dorure et marbrerie, faire et fabriquer à la plume avec encre, au crayon, au pinceau, à huile, a fresque, detrempe et en pastel, tous dessins lavés ou non lavés, tableaux, portraits, ornemens, mignatures, grisailles, camayeux, mosaïques et genéralement tous ouvrages de peinture sur papier, carton, velin, toile, canevas, étoffes, métaux, pierre, marbre, cailloux, agates, lapis, ivoire, esmaux, crystaux et autres matières, tous ouvrages de sculpture figures, bustes, ornemens en marbre, pierre, bois, ivoire, etc. ; dorer d'or en feuilles, argenter d'argent moulu et bronzer toutes sortes d'ouvrages et ornemens à la colle, à l'huile et au verny seulement, mais non au feu sur fonte, cuivre ou métaux et ciseler les susdites matieres, mouler en plastre, cire et carton, comme il a esté d'usage cy-devant, faire tailler tous ouvrages à la marbrerie comme tables, chambranles, cheminées, foyers, cuvettes en marbre, pierre de liais et autres. Défenses à tous les maitres de ladite Communauté de vendre aucune qualité de marbre l'une pour l'autre, ny de travailler aucun travers de chambranle, tables, tablettes en delit, attendu que ce seroit tromper le public, à peine d'amende arbitraire, moitié au profit de l'hopital, l'autre moitié au profit des gardes.

IV

Cet article concerne la vente et le débit des ouvrages portatifs qui sont plutôt du domaine artistique de la sculpture.

V

Seront en droit les maitres desdits arts et leurs veuves, d'apprester, fabriquer, vendre et debiter les toiles de couleur en huile et en destrempe, crayon, encre de la Chine, pinceaux et autres matieres et instruments à l'usage des peintres et sculpteurs, sans qu'ils puissent estre inquiétés à raison de cette fabrique dont ils ont jouis de tous temps.

Les articles VI à IX concernent la défense à tous particuliers de vendre ces objets et instruments, à l'exception des membres de l'Académie royale, des merciers et des éventaillistes.

X

Ne pourront les maistres maçons, charpentiers, menuisiers, selliers, carossiers, charrons et autres, entreprendre en quelque manière que ce soit sur lesdits arts de peinture, sculpture et dorure, et faire par eux mêmes ou faire faire par d'autres que par les maitres autorisés par les presens statuts aucuns ouvrages dependans desdits arts, à peine de mil livres d'amende, applicables un tiers à Sa Majesté, un tiers à la Communauté et Academie de Saint Luc et un tiers au denonciateur.

XI

Sera permis à tous bourgeois de travailler de leurs mains aux ouvrages desdits arts, mais pour leurs usages seulement, et non pour en faire aucune vente ny commerce. Leur sera pareillement permis pour l'ornement et embellissement des maisons où ils sont demeurans de faire travailler à leurs journées des compagnons, en leur fournissant par eux et à leur depens, les matieres, outils et ustenciles necessaires, et seront obligés en ce cas, et lorsqu'ils en seront requis, d'affirmer qu'ils ont fourni auxdits compagnons lesdites matieres, ustenciles et outils, à peine de pareille amende.

Les articles XII à XIV concernent la vente ou la fabrication d'objets portatifs sculptés ou peints ; elles sont interdites aux marchands, *savoyards*, revendeurs, colporteurs et autres.

XV

Les jurés crieurs, officiers de grandes maisons, comédiens, entrepreneurs de spectacles et représentations publiques et autres, ne pourront peindre ny faire peindre, sculpter, graver ou dorer par autres que par les maistres desdits arts de peinture, sculpture, gravure et dorure, aucunes armes, banderolles, figures, architectures, paysages, fleurs et ornemens et autres ouvrages dependans desdits arts, ou pour pain à benir, sites funeraires, mausolées, decoration de theatre, arcs de triomphe, feux d'artifice et autres ceremonies, à peine de confiscation et d'amende arbitraire.

XVI

Cet article concerne les huissiers et les saisies par justice sur les membres de la Communauté.

XVII

Ladite Communauté des maitres peintres, sculpteurs, graveurs, doreurs, marbriers et Academie de Saint Luc s'étant mise de toute ancienneté sous la protection de la sainte Vierge, de saint Luc, de saint Jean à la porte Latine, continuera les exercices de piété qu'elle a coutume de faire en l'eglise et chapelle de saint Luc, cy devant appelée Saint-Simphorien, en la cité, et ce en consequence du decret accordé à ladite confrérie par son eminence monseigneur le cardinal de Noailles, en datte du 24 juillet 1704, et toujours en conformité d'iceluy, laquelle chapelle appartient aujourd'hui à ladite Communauté et a été par elle acquise le 3 may 1704.

XVIII

Les maitres et confreres y feront les devotions accoutumées et y rendront le pain benit chacun à leur tour, tous les dimanches de l'année, festes de la sainte Vierge et festes de saint Luc et de saint Jean à la porte latine, leurs patrons, sans qu'aucun desdits maistres puisse s'en dispenser, pour quelque cause que ce soit, à peine d'estre privés des entrées de la communauté et Académie et de ses assemblées, et d'amende mesme suivant l'exigence des cas.

XIX

Lesdites communauté et Académie étant unies l'une à l'autre seront regies et gouvernées conjointement par quatre directeurs gardes, et tous les ans en seront elus deux nouveaux pour succeder aux deux autres, qui sortiront alors d'exercice, en sorte qu'il en reste toujours deux qui ayent eu tout le temps de s'instruire de l'administration, interests et affaires de ladite communauté et Academie, et qu'aucun ne puisse demeurer en charge plus de deux années consécutives.

Les articles XX à XXIX concernent les élections des directeurs, qui verseront 25 livres à la confrérie; ils rempliront les mêmes offices que les jurés, et, de plus, rechercheront les ouvrages indécents, contraires à la religion et à l'État.

Les articles XXX à XXXIX concernent les visites des directeurs gardes sur les marchandises du dehors qu'ils examineront. Chacun d'eux recevra 500 livres par an pour les frais de ces visites.

Les articles XL à XLIX concernent les inventaires et la vente des chefs-d'œuvre qui aura lieu au bureau de la communauté près la chapelle Saint-Luc. Il est rappelé que l'apprentissage est de cinq ans; le coût du brevet est fixé à 13 livres.

Les articles L à LXII stipulent que les aspirants à la maîtrise, fils ou gendres de directeurs, paieront un droit de 97 livres 1 sol dont 11 livres pour la boîte, ou caisse de la communauté. Les fils et filles des maîtres paieront 160 livres 1 sol, dont 74 livres pour la boîte. L'aspirant par brevet d'apprentissage paiera 300 livres, et l'étranger, c'est-à-dire celui qui n'a pas été apprenti à Paris, paiera 400 livres, tandis que les filles ou femmes non issues de maîtres paieront 250 livres. Le conducteur de l'aspirant sera son père ou l'un des anciens directeurs.

LXIII

Les maitres peintres, dans tous les ouvrages de leur art qu'ils feront ou feront faire, chez eux ou ailleurs, seront tenus d'employer de bonnes couleurs... Ne sera permis aux doreurs dorer du cuivre ou laiton pour dorer aucune bordure de tableaux, miroirs, pieds de tables, de chaises, gueridons et lits, ouvrages d'eglise comme autels, tabernacles, chaires, œuvres, balustres, soit en dedans, soit en dehors, et autres ouvrages et ornemens generalement quelconques; le tout à peine de confiscation desdits ouvrages a eux appartenans, et d'une amende de mille livres, dont un quart au profit de Sa Majesté, un quart pour l'hopital general, un quart pour les directeurs gardes, et l'autre quart pour le denonciateur.

LXIV

Pour prevenir les abus et empecher qu'à l'avenir le public ne soit trompé... il ne sera permis à aucun des maistres... d'employer de l'argent coloré connu sous le nom d'argent verny, soit aux tabernacles, chandeliers et tous autres ouvrages d'eglise, non plus qu'à aucune corniche, lambris, bordure, pieds de tables ni aucuns meubles, à peine contre les contrevenans de l'amende ci dessus. Ne seront neanmoins comprises dans la susdite prohibition les decorations de spectacles, soit de theatres, pompes funèbres ou autres, dans lesquelles l'usage du faux or a toujours esté convenable, comme aussy il sera permis auxdits maitres d'employer de l'argent en feuilles pour estre coloré de teintes dorées sur des feuilles de cuir à faire tapisserie que l'on nomme cuir doré.

LXV

Pourront lesdits doreurs se servir de bronze ou metal en poudre pour les clotures et grillages de chœurs, de chapelles, epitaphes, mausolées et autres semblables decorations, pourvu neanmoins qu'ils en soient requis et par un ecrit qu'ils seront obligés de representer, si besoin est.

L'article LXVI concerne la sculpture; les articles LXVII à LXXII défendent aux maîtres de prêter leurs ateliers et de terminer l'ouvrage d'un autre maître. Les assemblées et cabales des compagnons sont interdites (1).

A la suite de ces statuts, on trouve 28 articles concernant: l'administration de l'école de l'Acadé-

(1) Il s'agit ici des réunions des affiliés au Compagnonnage. (Voyez à la fin du Chapitre VI du présent livre, la partie consacrée au Compagnonnage).

mie, les concours, les prix à décerner aux élèves de cette école, la gratuité du professorat. Enfin, suit la confirmation, par lettres-royales, des statuts qui précèdent. Ces lettres sont datées « de Versailles, au mois de mars l'an 1730 et de nostre règne le quinzième ».

Plus tard, l'élément industriel disparut de l'Académie de Saint-Luc; et ce fut, pense M. de Lespinasse, parce que les peintres et sculpteurs d'art refusèrent de participer au rachat des offices, en soutenant qu'ils étaient exempts de ces charges, par privilège. L'Académie de Saint-Luc devint donc absolument la rivale de l'Académie royale; détournée de son but primitif, qui était l'instruction professionnelle ouvrière, elle s'organisa comme le sont aujourd'hui nos grandes Sociétés d'artistes, et ce fut à elle que l'on dût le succès de nos premiers Salons, qui eurent lieu tous les deux ans pendant le cours du XVIIIe siècle.

Enfin, cette institution disparut en 1776, en réunissant ses élèves à ceux de l'Académie royale qui, pour les recevoir, fit disposer l'une des salles du Louvre pour l'étude du modèle.

*
* *

En 1732, le 29 février, une sentence de police intervient pour déterminer les droits du syndic de la communauté des vitriers; elle déclare que ces droits seront les mêmes que ceux des jurés.

*
* *

Le 20 juin 1736, un arrêt du Parlement donne main-levée des oppositions aux nouveaux statuts de 1730 de la communauté des peintres-sculpteurs formées par les orfèvres, les graveurs, les éventaillistes, les fondeurs. Défenses sont faites aux directeurs-gardes de délivrer à l'avenir, des permissions écrites, tant aux filles et femmes qu'aux garçons et aux hommes, de travailler de la profession de peintre ou de sculpteur avant leur réception à la maîtrise, en prenant d'eux des acomptes sur le montant des droits de leur réception probable.

*
* *

Le 27 mai 1738, le Conseil d'État, en raison de l'augmentation du prix des bois, des soudes de varech et des salaires des ouvriers, augmente la valeur du verre en en fixant le prix à 31 et 34 livres le panier, au lieu de 27 et 30 livres.

*
* *

Un arrêt du Parlement, en date du 17 août 1739,

entre autres dispositions, supprime l'élection du « roy de la Fevre, qui se faisoit tous les ans la veille des Roys au Bureau de la Communauté des Vitriers ». Nous extrayons de cet arrêt, les passages suivants :

Louis, par la grace de Dieu Roy de France et de Navarre, au premier notre huissier ou sergens sur ce requis: sçavoir faisons qu'entre Jacques Girard, Louis de Montigny et Pierre Bernard, syndic et jurez de la communauté des maitres vitriers de Paris des années 1725 et 1726 appellans des sentences de la Chambre de police du Chatelet de Paris des 20 juillet 1725 et 4 juin 1728 et demandeurs en requête du 2 mars 1735 afin d'infirmation desdites sentences et impression de l'arrest à intervenir d'une part; Jean-Baptiste Gombault maitre Vitrier Peintre sur verre de Paris, intimé et defendeur d'autre; et entre les syndic et jurés et anciens de la Communauté des Vitriers intervenans, et demandeurs en requête du 3 mars 1735 afin de prise de fait et cause de Girard, Montigny et Bernard: opposition aux arrests qui ont prononcé la suppression des droits et tendant a la continuation d'iceux d'une part et ledit Gombault... afin de suppression des droits du syndic et du Roy de la fève et lesdits Girard, Montigny, Bernard et lesdits syndic et jurés et anciens de ladite communauté des vitriers défendeurs, etc., etc.

Notre dite Cour... ordonne que notre declaration du

3 juillet 1691 et l'arrest du 7 août 1696 seront exécutés et en conséquence que les droits dont est question continueront d'estre perçus par le syndic et les quatre jurés en charge comme ils se percevoient auparavant les arrests provisoires jusqu'à ce que les dettes de la Communauté des Vitriers pour lesquels ils ont été établis, soit entierrement acquittées à compter du jour qu'ils ont cessé de les percevoir ; a ce faire les débiteurs desdits droits contraints à la charge par lesdits syndic et jurez d'employer les deniers qui en proviendront au payement desdittes dettes, et d'en rendre compte tous les ans par devant le lieutenant genéral de police en presence du substitut de notre procureur general et aussi en presence de deux anciens, de deux modernes et de deux jeunes, sans que lesdits deniers puissent être divertis, ni employés a aucune autre dépense...

La Cour condamne Gombaut à rendre à Girard et autres les dommages-intérêts payés ; elle « permet aux anciens maitres et jurés de la communauté des Vitriers d'élire tous les ans l'un d'entre eux pour leur syndic, ordonne que l'élection du Roy de la fève qui se faisoit tous les ans la veille des Roys au bureau de laditte communauté des vitriers demeurera abolie et supprimée ; en conséquence fait defenses aux dits vitriers de ne plus faire à l'avenir de pareilles élections; seront au surplus les statuts et reglemens de laditte communauté executés, etc., etc. (1)

Nous ne savons ce que ce roi de la fève avait de commun avec les affaires de la communauté et ce que cette vieille coutume de nos pères, qui subsiste encore, pouvait avoir de bien dangereux. Il en fut jugé autrement, on le voit, puisque le Parlement intervint dans cette grave affaire pour supprimer, avec l'élection du monarque éphémère, les prérogatives et droits en argent que l'on attribuait très probablement à sa passagère souveraineté.

* * *

Un arrêt du Parlement, en date du 26 mars 1740, concerne les maitres vitriers de l'institution de l'hôpital général. Ils enseignaient leur métier à de jeunes garçons et avaient reçu le privilège de parvenir à la maîtrise sans payer aucun droit, où être soumis au chef-d'œuvre.

Cet arrêt ordonne que :

« Jean Baptiste du Poirier, François Gueriot et les autres maitres vitriers peintres sur verre de l'institution de l'Hopital Général seront appelés dans toutes les

(1) Collection Lamoignon ; XXXVIII, 582.

assemblées de la Communauté des maitres vitriers peintres sur verre et élus à leur tour dans toutes les charges de laditte Communauté de la même maniere que les autres maistres reçus par chef d'œuvre; il n'y aura aucune distinction entre eux et les autres maitres, soit pour la reception de leurs enfans (1), la capitation, la visite de leurs ouvrages et autres et pour prevenir dorénavant les brigues, intelligences et autres voies illicites pratiquées par les maitres reçus par chef d'œuvre et prohibées par l'article 29 des statuts de laditte communauté, Ordonne qu'à la prochaine élection d'assemblée desdits jurés et autres subsequentes, les maitres vitriers peintres sur verre seront tenus de nommer un des dits maitres de l'institution de l'hopital général, et continueront à l'avenir d'en nommer un suivant l'ordre qui s'observera entre eux, sinon qu'il sera permis aux directeurs et administrateurs (2) d'en presenter un a laditte communauté qui sera tenue de le recevoir. Condamne la Communauté des maitres vitriers a fournir copie de leurs statuts a ceux des maitres de l'institution de l'Hopital qui n'en ont point et à ceux qui seront reçus à l'avenir.

Il ressort de la lecture de ce document que les maîtres professeurs du métier à l'Hopital général

(1) Lisez : de leurs apprentis ou élèves, enfants recueillis par l'Hôpital général.
(2) De l'hôpital général.

étaient assez peu considérés par les maîtres de la communauté qui n'avaient pas voulu les faire participer à leurs travaux en les admettant dans leurs réunions professionnelles. Du reste, le même fait s'était présenté pour divers autres métiers, relativement aux maîtres enseignant leur art à des enfants pauvres ou orphelins, soit à l'Hôpital général, soit à l'Hôpital de la Trinité de la rue Saint-Denis (1).

*
* *

Un arrêt du Conseil d'Etat, du 16 octobre 1642, ordonne l'établissement d'un magasin de verres à vitres par les maîtres des verreries. On sait que jusque-là, les marchandises arrivaient à l'auberge du Renard, comme nous l'avons vu précédemment.

Voici cet arrêt (2) :

« Le Roy voulant pour le bien et l'avantage public qu'il soit établi un magasin de verres à vitres dans la Ville de Paris, dans lequel il y ait toujours une quantité de verres suffisante non seulement pour la consommation ordinaire de cette ville, mais encore pour subvenir

(1) Voyez : *Les Maçons et tailleurs de pierre* : Chapitre 7 ; les *Menuisiers*, les *Serruriers*, etc. etc. Ce document est extrait de la Collection Lamoignon, XXXIV, 6.

(2) Collection Lamoignon ; XXXV, 93 et 227.

aux besoins imprévûs, a ordonné et ordonne que les maitres des verreries de verres a vitres seront tenus d'établir incessamment à leurs frais et dépens dans la Ville de Paris un magazin dans lequel ils auront toujours une quantité suffisante de verres à vitres... qu'ils seront tenus pareillement d'avoir dans ledit magazin un commis ou commissionnaire à leurs gages pour livrer au prix qui aura été réglé aux maitres vitriers les verres les plus anciens arrivés dans ledit magazin.

Enjoint Sa Majesté au sieur Lieutenant Général de Police de Paris de tenir la main a l'execution du present arrest fait au Conseil d'Etat du Roy, Sa Majesté y étant, tenu à Versailles le seize octobre 1742.

Signé : PHELYPEAUX.

A la suite, est une ordonnance du Lieutenant de Police, datée du 28 octobre, qui enjoint, aux maîtres verriers de la forêt de Lyons et du comté d'Eu, d'établir le magasin dont il s'agit et d'y faire voiturer, de semaine en semaine, la quantité de 4.532 paniers de verre, conformément à leur soumission autorisée par arrêt du Conseil du 12 décembre 1724; le panier de verre fin sera payé, par les vitriers, à raison de 34 livres; le second choix sera payé 31 livres.

Le 19 août 1743, un arrêt du Conseil d'Etat contient un règlement « touchant la vente des verres à vitres dans le magazin établi par l'arrest du Conseil du 16 octobre 1742. » Ce magasin était situé dans le faubourg Saint-Denis, « près la grille Saint-Denis. »

Par ce règlement, le roi, étant en son Conseil, ordonne :

Premièrement : que les huit sols que la communauté des vitriers est autorisée à percevoir sur chaque panier de verre vendu aux maitres vitriers pour le payement des dettes de leur communauté, continueront a être perçus par le clerc desdits maitres vitriers.

2° Que le même clerc percevra aussi dix sols par panier, droit établi pour le payement du *dixième de l'industrie*, pendant le temps que durera cette imposition du dixième (1).

3° Le même clerc, représentant des maitres verriers, ne pourra vendre de verres à vitres qu'aux seuls maitres vitriers de Paris ou de la banlieue, à moins qu'il ne soit autorisé par le lieutenant général de police.

4° A chaque arrivée des voitures de verre, les jurés seront avertis pour faire la visite des marchandises.

5° Les paniers seront marqués par les jurés

(1) Cet impôt du dixième était un impôt extraordinaire, levé par le roi. Voltaire en parle, en ajoutant qu'il fut levé à la suite de tant d'autres impôts onéreux et qu'il parut si dur, qu'on n'osa pas l'exiger avec rigueur. (Siècle de Louis XIV).

après leur visite s'ils sont reconnus bons; ils seront rangés sous un hangar pour être vendus à leur tour, c'est-à-dire suivant la date de leur arrivée à Paris.

6° Les vitriers, avant la prise de possession de leur achat, auront le droit d'ouvrir les paniers; mais ils seront toujours forcés d'en prendre livraison en faisant faire défalcation du déficit, s'il y a lieu.

7° Cependant, si le contenu des paniers est en trop mauvais état, les paniers seront marqués par les jurés d'une marque particulière et mis à part pour être vendus au plus offrant et dernier enchérisseur.

8° La défalcation fixée par les anciens règlements à dix sols par chaque *plat* de verre cassé est augmentée et mise à seize sols.

9° Le *grosil* ou verre cassé ne sera plus pris qu'au poids par le représentant des verriers; ce poids est fixé à « 260 livres poids de marc » par baril et il sera payé à raison de 4 livres 15 sols, pris chez les vitriers, dans leur boutique.

10° Toutes les voitures de verres qui viendront de Lyons, Ahoux et Hellet et celle du comté d'Eu ne pourront arriver que par la porte Saint-Denis; celles de la forêt de Beaumont, par la porte Saint-Honoré, pour être conduites au magasin, sous peine de saisie, de confiscation des chevaux et charrettes et même d'emprisonnement des voituriers.

11° Le magasinier devra recevoir tous les verres qui viendront à Paris de l'étranger et que les jurés voudront lui faire garder jusqu'au lotissement et à la vente faite en la manière accoutumée.

La publication de cet arrêt fut faite « à son de trompe et cry public dans tous les lieux accoutumés par le juré crieur du Roy le 29 aoust 1743. »

Signé : GIRARD.

***

Le 21 septembre 1745, un arrêt du Conseil d'Etat unit à la communauté des vitriers peintres sur verre, les offices d'inspecteurs des jurés pour une somme de vingt mille livres, pour le remboursement de laquelle elle fut autoriséee à emprunter comme antérieurement. Il faut convenir que cette communauté était fortement frappée par ces unions si onéreuses et si fréquentes.

***

Le 24 juin 1747, un arrêt du Conseil d'Etat exempte les peintres et sculpteurs des offices d'inspecteurs des deniers communs, offices toujours inutiles, que les autres communautés rachetèrent à de hauts prix.

*
* *

Le 15 octobre 1748, intervient un arrêt du Conseil d'Etat qui règlemente l'administration des deniers de la communauté des vitriers et la reddition des comptes par les jurés.

*
* *

En 1749, le Parlement détermine la durée de la journée de travail des ouvriers peintres et sculpteurs et ajoute à l'arrêt rendu à cette occasion, deux articles qui concernent l'embauchage de ces ouvriers.

Voici le texte de cette délibération (1) ; elle fixe aussi le temps des veillées d'hiver qui commençaient autrefois à la saint Remy du 9 octobre, pour se terminer à la fin du carême.

I

Que les compagnons sculpteurs, marbriers, doreurs et gens d'impression, travaillans desdits arts de pein-

(1) Collection LAMOIGNON ; XXXVIII, 596 et Recueil de 1753.

ture, sculpture, doivent commencer leurs journées en tous tems à six heures precises du matin.

II

Qu'à huit heures, ils doivent prendre une demie heure pour dejeuner et rentrer au travail à huit heures et demie; qu'à midy, ils doivent prendre une heure pour diner et rentrer au travail à une heure.

III

Qu'ils ne doivent finir leurs journées qu'à sept heures du soir sonnées, en sorte que la journée soit de onze heures et demy de travail.

IV

Qu'il doivent commencer à travailler le soir à la lumière, depuis le 9 septembre, lendemain de la Notre-Dame, jusqu'au premier avril de chaque année.

V

Que les veilles, si les travaux le requièrent, commenceront à sept heures du soir et finiront à minuit, pendant lequel tems lesdits compagnons ne doivent prendre qu'une demie heure pour faire collation.

VI

Que les veilles doivent être payées comme sur le pied d'une demy journée, à moins que lesdits maitres ne jugent à propos de les etendre plus loin, et en ce cas de les payer comme journée.

VII

Que lesdits compagnons doivent remplir ledit temps et heures de travail cy dessus, à peine d'être diminués sur le prix de leurs journées, à proportion du tems qu'ils n'auront pas travaillé.

VIII

Que, pour prevenir les abus qui se commettent et pour maintenir la règle, aucun compagnon ne doit être reçu et travailler chez un maître qu'au prealable il n'ait justifié du billet de sortie du maître chez lequel il aura travaillé, à peine contre ce compagnon d'interdiction pour trois mois et contre le maître qui le recevra de cent livres d'amende, applicable moitié à l'hopital général, moitié à la confrerie de la Vierge et de saint Luc.

IX

Que neammoins, en cas de refus sans cause legitime de la part du maitre de donner à ses compagnons un billet de sortie, ils pourront se retirer par devers les directeurs en charge qui, sur le refus du maître et après s'être instruits des causes, pourront donner aux compagnons un billet de sortie.

Louis, par la grace de Dieu, Roy de France, etc. Notredite Cour, sur l'homologation de la deliberation du

9 mars precedent, en ce que par l'article II de la deliberation, il n'est accordé aux compagnons peintres sculpteurs qu'une heure pour disner; en ce que par l'article V, il ne leur est accordé qu'une demi heure pour faire la collation dans le cas de veilles; et en ce que les maitres travaillant comme compagnons et les élèves de l'Academie n'ont pas été exceptés des articles VIII et IX de laditte delibération: faisant droit sur laditte opposition à cet égard et ayant aucunement egard aux requestes et demandes des parties, ordonne que lesdits articles II, V, VIII et IX de laditte delibération seront reformés; en consequence qu'il sera donné auxdits compagnons peintres sculpteurs une heure et demie pour dîner, en sorte que la journée sera d'onze heures de travail au lieu d'onze heures et demie; et une heure pour faire collation dans le cas de veille au lieu d'une demie heure; et que tous les compagnons peintres sculpteurs seront astraints au billet de sortie à l'exception des compagnons qui seront reçus maitres en la communauté et des élèves de l'Académie, lesquels élèves ne seront exempts que sur le certificat des professeurs qu'ils sont élèves de l'Académie, à l'effet de quoi lesdits élèves seront tenus de se faire inscrire, pendant deux années consecutives, sur un registre qui sera déposé au bureau et tenu par le clerc de la communauté, qui inscrira fidellement et exactement le nom des elèves qui se presenteront munis d'un certificat des professeurs de l'Académie. Enjoint aux maitres de la communauté de donner

dans les vingt quatre heures au compagnon qui sortira de chez eux, ou qu'ils renverront, un billet de sortie ou les causes de leur refus, duquel billet de sortie ou des causes de refus les directeurs seront tenus dans le jour de juger de la validité, mesme de donner un billet de sortie, s'ils le jugent ainsy à propos...

Donné en nostre Cour de Parlement, le 12 mars l'an de grace 1749.

*
* *

Le 8 juillet de la même année, un arrêt du Conseil d'État contient règlement de l'administration des deniers de la communauté des peintres sculpteurs et Académie de saint Luc, et de la reddition des comptes par les jurés. Cet arrêt comprend 20 articles (1).

*
* *

En 1750, le nombre des vitriers parisiens était de 300. On a vu qu'ils employaient surtout le verre des usines de Normandie ; mais on signale à cette époque l'usage des produits de ce genre venant de Lorraine, mais arrivant d'une façon moins régulière à Paris.

Au surplus, les usines lorraines n'avaient pas

(1) Recueil de 1753.

l'obligation de fournir exactement à la consommation parisienne, comme les fabriques de Normandie qui étaient assujetties à cette obligation et dans le sens le plus étroit, puisque l'autorité exigeait d'elles l'arrivée sur la place de Paris d'une quantité de feuilles de verre qu'elle indiquait et modifiait suivant les besoins. C'est ainsi que le 10 juin 1753, un arrêt du Conseil d'État prescrit que le dépôt des verres à vitres de provenance normande doit être fourni continuellement de 384 paniers de verre de la contenance prescrite par les ordonnances que nous avons reproduites, soit 24 feuilles par chaque panier.

*
* *

Le 26 février 1760, par arrêt du Parlement, les épiciers parisiens obtiennent le droit de vendre et débiter les couleurs à l'état brut « ou en pierres » ; aux peintres de l'Académie de Saint-Luc est réservée la vente des couleurs mélangées et broyées.

*
* *

Entraîné par un généreux mouvement, Louis XVI avait suivi les conseils d'un ministre libéral et prévoyant. Turgot amena ce monarque indécis à se prononcer ouvertement contre la tyrannie des jurandes, et, le 12 mars 1776, par une décision royale fortement motivée sur le danger des monopoles et des privilèges excessifs, les communautés cessèrent d'exister.

Mais deux mois après la promulgation de l'édit qui ordonnait cette suppression, le monarque dont l'absence de volonté et la versatilité sont connues, cédait aux sollicitations de son entourage, princes et seigneurs qui profitaient, au point de vue de la finance, des faveurs accordées aux communautés qui réclamaient leur appui ; il fléchissait devant les remontrances du Parlement très atteint dans ses ressources par la disparition des innombrables procès que s'intentaient entre elles et sans cesse, les corporations. Le souverain rapportait alors son édit et rétablissait les communautés, en les classant en 44 séries, plus les six corps de marchands. Et pour adoucir les regrets de ceux qui n'avaient fait qu'entrevoir un petit coin de la liberté professionnelle, les droits de réception à la maîtrise furent fortement réduits, sauf pour quelques corporations, telle que celle des peintres-sculpteurs qui continuèrent à payer 500 livres ; ils formèrent, à eux seuls, la 34e communauté, tandis que les vitriers furent réunis aux faïenciers et aux potiers de terre et inscrits en dix-neuvième ligne sur la liste nouvelle. Les anciens droits à la maîtrise étaient, pour eux, de 900 livres ; le nouveau tarif les porte seulement à 500 livres.

*
* *

En 1782, après un désastre maritime, les corporations marchandes et ouvrières offrirent au roi des sommes importantes pour contribuer à la construction d'un vaisseau de guerre. Les peintres et sculpteurs figurent dans la liste de cette souscription patriotique et volontaire, pour vingt-quatre mille livres.

*
* *

Comme toutes les autres communautés, celles des peintres-sculpteurs et des vitriers disparurent par application de l'article premier de la loi du 27 juin 1791 qui les interdisait; les droits de maîtrise furent remboursés en partie. Dès lors, la vieille organisation ouvrière avait vécu.

C'est alors que les peintres, les sculpteurs et les marbriers que nous avons vu faire partie de la même association professionnelle, se séparèrent après près de six siècles d'union constatée officiellement, pour former des corporations distinctes, tandis qu'au contraire, les vitriers se réunissaient aux peintres qui devinrent les « entrepreneurs de peinture et vitrerie » que nous connaissons. Ils eurent comme aujourd'hui, dans leurs attributions, la peinture murale et la décoration des appartements qui comprend : la simulation des marbres et des bois, le filage, la dorure des boiseries et des ornements divers, la pose des tentures de papiers peints. Le vitrage, l'attribut, la peinture des lettres, etc., figurent aussi dans la série de leurs travaux. En province, les entrepreneurs de peinture sont miroitiers, posent les ornements en pâte, etc.

*
* *

Avant de quitter nos vieilles corporations que la grande Révolution fit disparaître en supprimant toutes les collectivités pour faire place à l'individualisme ; avant de passer à l'examen des institutions patronales et ouvrières contemporaines et de décrire sommairement l'organisation et le fonctionnement du compagnonnage dont fit partie une fraction des ouvriers dont nous venons de retracer l'histoire, le lecteur nous permettra de jeter un coup d'œil en arrière et de revenir sur la singulière fortune qui, un jour, transforma les maîtres peintres en autant d'académiciens. Pour cela, il nous faut remonter un peu haut.

Le numérotage des maisons de Paris date de 1728, mais il fut imparfait et incomplet jusqu'en 1805, année où il devint absolument obligatoire par la volonté de Napoléon. Depuis le XIVe siècle et peut-être antérieurement, mais cela n'est pas prouvé, les maisons se désignaient presque toutes par leurs enseignes dont les unes étaient taillées dans la pierre ou le bois des façades, ce qui ne les empêchait pas d'être enjolivées par la peinture, les autres étaient peintes sur des bois ou, plus tard, sur des feuilles de tôle, et c'est ici qu'intervenait le peintre d'attributs qui ne fut pas toujours un médiocre. Les magasins, les humbles boutiques, les auberges des routes, ont dû souvent leur renommée à l'attribut plus ou moins symbolique qu'un peintre d'enseignes, habile et bien inspiré, avait su choisir avec discernement et rendre avec quelque mérite.

On voit, par ce que nous venons de dire que, comme autrefois, dans l'ornementation des églises, une alliance étroite entre la sculpture et la peinture se manifeste encore ici. Les enseignes sculptées sont peintes et dorées ; les enseignes peintes sont souvent encadrées par des bordures refouillées dans les façades.

Un peu dédaignée, oui sans doute, l'enseigne a fait cependant beaucoup parler d'elle et, après les écrits de Balzac (1), de E. de la Querière (2) et d'Edouard Fournier (3), le peintre Detaille a organisé pour elle, dans ces temps derniers, un concours fort intéressant au point de vue de la vulgarisation de l'art. On y voyait des enseignes peintes par Gérome, Willette, Mercier, Cléret, Jaques et Detaille lui-même. Ces excellents maîtres du pinceau faisaient là concurrence au peintre d'attributs, comme le firent autrefois Watteau, Prud'hon, Géricault, Joseph Vernet et d'autres grands artistes (4). L'un nous présentait une « pensée animée », l'autre un troupeau d'oies considérant avec quelque effroi la casserolle d'un rôtisseur, un autre encore la tête de Mimi-Pinson, émergeant d'un amas de liserons et de capucines. Gérôme a placé un chien au milieu d'un fouillis d'objets d'optique et il n'a pas dédaigné d'écrire au-dessous ces mots par à peu près: « O pti cien », qui rappellent les enseignes en rébus de nos ancêtres. Mercier, lui, nous montre le tableau d'une sage-femme: l'enfant sort du chou symbolique et un rameau fleuri se courbe pour le recueillir. Jaques a signé un cheval conduit par

(1) *Petit dictionnaire critique et anecdotique des Enseignes de Paris, par un batteur de pavé* (1826).
(2) *Recherches historiques sur les enseignes* (1852).
(3) *Histoire des Enseignes* (1884),
(4) Voyez aux Notes, pour le détail de ces curieux ouvrages.

un maquignon. Enfin, pour une boutique de réparations en tous genres, une jolie grisette apporte son cœur à remettre en état.

*
* *

Sans nous arrêter aux Romains dont les maisons étaient, paraît-il, bariolées d'enseignes peintes à la cire (1) et les boutiques ornées de représentations des denrées qui s'y vendaient, nous arriverons aux enseignes françaises qui, on le sait, étaient autrefois placées, en grande partie, en saillie sur la voie publique et plus tard, fixées sur les murs, par l'ordre du lieutenant de police et, par mesure de sûreté publique.

Les premières enseignes peintes de Paris furent des espèces de bannières représentant le plus souvent un saint personnage et quelquefois des motifs de rébus tels que: au puissant vin (un puits sans vin), à la vieille science (une vieille sciant une anse), à la bonne femme (une femme sans tête), etc., etc. Ces enseignes ont souvent donné leur nom aux anciennes rues de la capitale. Au Pont-Neuf, au bas duquel se tenaient autrefois les racoleurs, que l'on appelait, dit

(1) Le poète Martial habitait une maison de Rome, à l'enseigne du Poirier. Il vivait sous le règne de Titus. — A Pompéï, on a retrouvé une enseigne de libraires sur laquelle on peut lire les noms de quatre associés.

Mercier (1), des « vendeurs de chair humaine », on vit jusqu'à la moitié du XIXe siècle, sur les maisons du quai de la Mégisserie, des enseignes rutilantes de couleur qui faisaient la joie des badauds. Elles représentaient, soit de mirifiques gardes françaises, soit de superbes tambours-majors en grande tenue, ou enfin des scènes militaires propres à faire éclore l'amour du galon dans les cervelles des futurs soldats. C'étaient les enseignes des *marchands d'hommes,* industriels dont le commerce — peu estimé d'ailleurs — consistait à procurer des remplaçants à ceux des conscrits de l'année qui se dispensaient autrefois du service, à prix d'argent.

Parmi les anciennes enseignes curieuses peintes ou de bois colorié du vieux Paris, nous pouvons citer :

Pour les cordonniers, la *Heuse* (2), le *Petit Poucet,* la *Pantoufle de Cendrillon,* le *Tirant moderne,* le *Tirant couronné.*

Pour les cabarets, la célèbre *Pomme de Pin* dont Rabelais parle et qui fut chantée par Boileau ; l'*Ecrevisse;* le *Veau qui tette;* le *Franc-Pineau,* (qui est une espèce d'excellent raisin) ; les *Trois Cuillers;* le *Pressoir d'or;* le *Treillis vert;* le *Soleil des Perdreaux;* le *Pressoir d'or.* « Dans une rue qui donne d'un bout rue Saint-Honoré et de l'autre

(1) Dans son " Tableau de Paris ".
(2) *Heuse* : botte.

rue de Richelieu, dit Boursault, « on voit une enseigne de cabaret qui représente Jésus-Christ que l'on prend au Jardin des Oliviers, ce qui signifie; *Au Juste prix!* »

Pour les imprimeurs et les libraires, celle d'Etienne Dolet, la *Dolouère d'or*, qui est le marteau coupant du tonnelier; celle de Michel Brunet, le *Mercure galant;* celles de *Saint-Jean-l'évangéliste;* de la *Poule grasse et du Pélican;* de la *Bible d'or;* des *Colonnes d'Hercule*, du *Miroir*, etc., etc.

Pour les quincailliers, l'*Orme Saint-Gervais*, les *Trois Maillets*, le *Tiers-point*, les *Deux Clefs*, etc., etc. Les deux premières enseignes existent encore, ainsi que celle qui représente les « Forges de Vulcain ».

Pour les bijoutiers, le *Médaillon d'or*, le *Moulin d'or*, etc.

Pour les apothicaires, les *Vipères d'or*, le *Mortier d'argent*, le *Centaure*, la *Seringue*, etc. Pour les maîtres de danse, le *Violon*. Pour les maîtres d'armes, l'*Epée*, l'*Epée rompue*.

Les enseignes des maisons dont les noms ont été publiés dans un ouvrage dû aux soins de la Municipalité de Paris (1) et qui semblent indi-

(1) *La Topographie de Paris*, par AD. BERTY. Les noms des enseignes reproduits dans cet ouvrage sont ceux indiqués dans les *Cueillerets*, ou livres des recettes des cens et rentes payées aux tenanciers : seigneurs ou communautés, propriétaires des biens territoriaux de la Ville de Paris.

quer la profession de leur propriétaire ou de leurs locataires sont toujours intéressantes, soit par leur singularité, soit par leur naïveté. On y trouve le « *Papegault* » (1), la *Barbe d'or*, le *Bœuf couronné*, la *Herpe* (2), le *Barillet d'argent*, le *Petit mortier*, le *Pot d'estain*, la *Nasse*, la *Hache*, le *Chauldron*, l'*Horloge*, la *Lanterne*, les *Trois escriptoires*, le *Chapeau-rouge*, le *Soufflet*, le *Couperet*, les *Deux tranchouers*, le *Panier verd*, la *Blanche fouasse* (3), le *Gril*, les *Sept ars*, le *Cornet*, la *Hure de sanglier*, le *Fer à cheval*, la *Huchette* (4), (qui, par exception, date de 1287), la *Chaize*, le *Boissel* (5), les *Baquets*, le *Gland d'or*, les *Ciseaulx*, l'*Escriteau d'organiste*, le *Cerceau d'argent* (6), le *Sabot*, le *Locquet*, la *Clef*, les *Trois clefs d'or*, les *Faucilles*, la *Croix de fust* (7) (datant de 1326), les *Trois Bourses*, les *Lunettes*, le *Gobelet d'argent*, la *Cloche d'argent*, le *Plat d'estain*, les *Balances*, le *Gros Chapelet ou les grosses patenôtres*, le *Bastoy* (ou battoir), les *Trois Echau-*

(1) Perroquet ; cette enseigne datait de 1426.

(2) Harpe.

(3) Sorte de gâteau.

(4) Petite huche.

(5) Boisseau.

(6) Le cerceau était ordinairment l'enseigne des tavernes. Jacques Androuet du Cerceau doit son nom ou plutôt la seconde partie de son nom à une enseigne de cette nature. Son père était marchand de vin.

(7) *Croix de fust* : croix de bois.

doirs, le *Chariot d'or*, la *Gerbe d'or*, le *Boisseau*, les *Forges*, la *Caige verde* (5), la *Hotte*, la *Harse d'or*, la *Lyme*, l'*Huystre à l'escaille*, l'*Y* (7), etc.

Quant aux barbiers de Paris, leur boutique était peinte en bleu d'azur semé de fleurs de lis d'or. C'était un privilège de leur communauté. Et cependant l'un d'eux avait pour enseigne une *Perruque à marteaux*.

En dehors de ces enseignes professionnelles, on peut citer celle du *Puits d'amour*, de la rue de la Truanderie. Auprès de ce puits, dans lequel une jeune fille s'était précipitée pour mourir, était la maison qui portait cette enseigne : « Avec le temps, dit Sauval, ce nom a paru galant à un marchand voisin du puits, il a fait repeindre l'enseigne et l'a rehaussée de couleurs fort vives, et même il y a figuré un puits tout entouré de belles filles et de jeunes garçons, avec un petit amour qui décoche des flèches sur eux ».

Le Pont-aux-Meuniers, détruit par les eaux en 1596, fut rétabli de 1599 à 1609 ; il fut incendié en 1621. Ce pont était couvert de maisons toutes uniformes, peintes à l'huile et portant chacune une enseigne

(1) Lisez : *cage verte*.

(2) Herse.

(3) l'Y était l'enseigne des anciens merciers-bonnetiers, par suite d'un mauvais jeu de mots : *A l'i grègues*. Les grègues étaient les anciennes culottes.

représentant un oiseau différent des autres, ce qui le fit nommer le « *Pont aux oiseaux* ».

Nous pourrions continuer cette énumération des enseignes de Paris; elle remplirait encore plusieurs de nos pages ; cela nous serait facile. Mais il faut nous borner.

On voit que le peintre d'attributs des temps passés ne manquait pas de besogne. Sous Henri II, il fut ordonné que chaque maison aurait son enseigne représentant un saint ; peut être le cabaretier dont parle Tallemant des Réaux (1), s'inspira-t-il de cette ancienne ordonnance en prenant pour enseigne la « *Tête Dieu* » ; mais le curé de Saint-Eustache le fit condamner à l'enlever. L'arrêt ne fut pas obtenu sans peine.

Le peintre d'attributs fut donc autrefois un véritable artiste dans son genre. Il l'est encore de nos jours et nous le voyons souvent, épris de la forme et de la couleur, se livrer à des études plus relevées et faire franchir à sa palette la distance qui la séparait de l'art décoratif. Du coup, des merveilles sortent de ses mains : dans des perspectives aériennes, les plafonds peints d'une main légère et sûre sont peuplés. Des fleurs auxquelles manquent seul le parfum, sont placées dans des vases richement ornés, ou grimpent autour de

(1) Historiettes, V. 156.

riches balustrades. Dans le ciel, volent des oiseaux; quelquefois mieux encore : des génies, des amours... Des panneaux de fruits et de roses garnissent les salles à manger de nos appartements; des guirlandes où la flore s'épanouit, de gracieuses arabesques ornent les salons. Tout cela est de l'attribut ; c'est l'œuvre de celui qui a rapproché le plus la peinture du bâtiment de la peinture d'art. En somme, entre lui et l'artiste qui s'est fait une spécialité de ce que l'on appelle la *nature morte*, il n'y a plus qu'une légère différence. Lui aussi, reproduit la nature et quelquefois même, l'anime; ses ouvrages peuvent alors être souvent comparés à de bonnes compositions jetées sur la toile.

Ils leur furent comparés sous Louis XIV et l'élégance des compositions dues aux décorateurs fit que l'on admit plusieurs membres de la communauté dans une classe spéciale de l'Académie royale de peinture et sculpture.

Quant à l'Académie de Saint-Luc, nous avons dit ce qu'elle était. Tous les maîtres de la communauté des peintres-sculpteurs en firent partie en premier lieu : c'était, du reste, son œuvre, comme on a pu le voir. L'Académie royale en fut jalouse et se l'assimila.

L'ouvrier peintre en 1830, d'après Gavarni.

CHAPITRE VI

XIXe SIÈCLE

Une ordonnance de 1823 sur la céruse. — Les réunions d'entrepreneurs sous l'Empire, la Restauration et le règne de Louis-Philippe. — La Société des Entrepreneurs de Peinture et Vitrerie de Paris. — La Chambre syndicale des Entrepreneurs de Peinture, de Vitrerie, des Doreurs et des Marchands de Papiers peints. — Les syndicats patronaux et ouvriers ; les associations ouvrières des peintres.

Actuellement, après une longue campagne menée contre l'emploi de la céruse accusée d'être la cause de graves accidents professionnels, une loi se prépare pour ordonner sa suppression.

La céruse est, en effet, un poison redoutable

qu'il faut employer avec précaution. Mais ce n'est pas d'aujourd'hui que cette question a occupé les hygiénistes. A diverses reprises, les ordonnances de police prescrivirent des mesures de prudence à observer dans les manipulations et l'application de cette substance.

C'est ainsi que, le 5 novembre 1823, une ordonnance royale défendit, dans toute l'étendue du royaume, la fabrication et la vente de la *céruse en pains*. Ces pains, de forme conique, étaient très durs ; il fallait les écraser. On les voyait représentés sur les devantures des marchands de couleurs auxquels ils servaient d'enseigne, avec d'autres peintures multicolores.

La céruse dut, dès lors, être broyée à l'huile et non débitée autrement. Les peintres considérèrent cette innovation avec beaucoup de défiance, parce qu'elle prêtait à la falsification (1).

(1) Selon l'opinion de la majorité des praticiens, les plaintes des ouvriers qui emploient la céruse ont été exagérées. Sans nier les effets toxiques de ce produit, ils soutiennent qu'en prenant certaines précautions, la céruse ne peut plus guère causer d'accidents graves (*a*). — Le grattage à vif des anciennes peintures, par exemple, ne doit jamais se faire à sec ; on recommande, en outre, aux ouvriers, de se nettoyer soigneusement avant d'aller prendre leurs repas. Au surplus, si on proscrit la céruse, pourquoi ne pas interdire, en même temps, l'emploi d'une foule d'autres substances aussi nuisibles et souvent même plus dangereuses qu'elle ?

(*a*) La fabrication de la céruse, avons-nous dit ailleurs, en nous appuyant sur des autorités de premier ordre, a été notablement améliorée depuis le commencement du XIXe siècle, tant au point de vue des procédés d'affinage et de la blancheur, qu'à celui de l'hygiène et de la préservation des émanations qui se traduisent en coliques saturnines.....

*
* *

Nous avons, dans de précédentes études, fait ressortir l'abandon moral et matériel dans lequel se trouvaient forcément et tout-à-coup, après de longs siècles d'étroite union confraternelle, les gens des métiers, après la suppression des communautés ouvrières. Tout lien était rompu entre les membres des corporations : leurs intérêts souffraient de cet isolement, et, à ce point de vue, la liberté acquise après tant d'efforts ne pouvait remplacer les résultats qu'une collectivité donnait autrefois, sous le régime de l'accord et de la bonne harmonie.

Sous l'Empire et les gouvernements qui suivirent, les réunions de tout genre étaient interdites. La loi du 14 juin 1791 était encore en vigueur. Elle défendait « à tous citoyens d'une même profession, entrepreneurs et ouvriers, de se nommer des présidents, secrétaires ou syndics et de faire des règlements sur leurs prétendus intérêts communs »; les auteurs de ces délibérations étaient passibles d'une forte amende et d'un an de suspension de leurs droits civiques. Plus tard, les articles 291 et suivants du Code pénal punissaient les associations non autorisées de plus de vingt personnes.

Néanmoins quelques corps de métiers, dont le

but était de protéger les intérêts communs, purent se constituer en bureaux dès 1807, mais avec l'autorisation de l'autorité et sous la surveillance des commissaires de police, qui devaient assister à toutes leurs assemblées. C'est ainsi que l'on vit successivement les entrepreneurs de charpente, de maçonnerie, de pavage, de couverture et plomberie, de fumisterie, de menuiserie, de serrurerie, se grouper pour établir de nouveaux règlements de métiers, des tarifs d'ouvrages, travailler à l'amélioration industrielle et défendre les intérêts particuliers et généraux.

Les peintres-entrepreneurs parisiens ne s'organisèrent en bureau qu'en 1831, sous le titre de *Société des entrepreneurs de peinture et vitrerie*, avec un conseil composé de 28 membres, sous la présidence de M. Desfammes. En 1839, cette société est installée rue du Renard-Saint-Sauveur, et, en 1841, rue Grenier-Saint-Lazare, où elle est groupée avec d'autres réunions d'entrepreneurs ; elle porte alors le titre de *Chambre des Entrepreneurs de peinture et de vitrerie*. Elle suit, dès lors, les destinées du Groupe du bâtiment, avec lequel elle est étroitement liée, et, par conséquent, siège avec lui, rue de la Sainte-Chapelle, et, ensuite, rue de Lutèce. Son titre actuel est celui-ci : *Chambre syndicale des Entrepreneurs de peinture et de vitrerie, des Doreurs et Marchands de papiers peints détaillants.*

Après MM. MORIN et HOUPPE, qui ont présidé cette Chambre syndicale depuis 1881 jusqu'en 1900, M. MANGER occupe le fauteuil. Il est assisté des membres du bureau : MM. WERNET, vice-président trésorier, LEFÈVRE, syndic, RIGOLOT, rapporteur, et JOSSERAND, secrétaire.

Le nombre des entrepreneurs syndiqués est, en 1905, d'environ 350.

*
* *

Comme les autres chambres syndicales du Groupe auquel elle appartient, la *Chambre des Entrepreneurs de peinture et vitrerie, des Doreurs et des Marchands de papiers peints*, en dehors des services qu'elle rend à l'industrie en s'occupant des questions d'ordre général, en étudiant les projets de lois et de décrets qui l'intéressent, sert d'arbitre, à titre gratuit, dans les litiges envoyés par les tribunaux, conseille et aide ses adhérents dans le cas de difficultés matérielles ou de procès; un conseil judiciaire, un office de placement pour les ouvriers et les employés, une bibliothèque sont à la disposition de ses membres.

La Chambre tient à reconnaître les bons sentiments de ses loyaux et fidèles collaborateurs. Certains de ses ouvriers, désignés par leur bonne conduite et leur dévouement aux suffrages de leurs patrons, reçoivent des médailles d'honneur dotées de fortes sommes et sont décorés de la main du ministre qui préside la fête annuelle des récompenses.

Enfin, comme toutes les autres Chambres du Groupe du bâtiment, celle des Entrepreneurs de peinture et vitrerie, se considérant comme la dépositaire des traditions d'honneur et de loyauté des anciennes corporations d'autrefois, est une vivante image de la vieille jurande des temps passés. Elle est fière d'avoir à signaler les abus, de soutenir ses droits contre l'autorité, de combattre les prétentions quelquefois injustes des pouvoirs publics et les théories néfastes des politiciens que l'on devrait éloigner impitoyablement des affaires; enfin, de soutenir de justes réclamations devant les tribunaux, lorsque leur intervention devient nécessaire.

*
* *

Les syndicats patronaux de peintres en bâtiments sont actuellement, en France, au nombre de vingt-quatre. On les trouve dans les départements suivants : Aisne, Alpes-Maritimes, Charente, Cher, Gard, Haute-Garonne, Gironde, Hérault, Indre-et-Loire, Isère, Loire-Inférieure, Loiret, Maine-et-Loire, Nord, Pas-de-Calais, Basses-Pyrénées, Seine, Vaucluse, Haute-Vienne. De plus, il existe un syndicat patronal de peintres de lettres dans le département du Rhône.

Ce renseignement, ainsi que les suivants, nous est donné par le dernier *Annuaire des Syndicats professionnels*, publication du ministère du Commerce et de l'Industrie.

*
* *

L'organisation syndicale a été largement adoptée par les ouvriers; ils ont créé des chambres dans tous nos départements et même aux colonies; quelques-unes d'entre elles sont en très bons termes avec les syndicats patronaux; mais c'est là, malheureusement, l'exception. C'est dans ces milieux, plus ou moins faciles et crédules, que la mauvaise politique fait son œuvre de haine, d'envie et de discorde.

Les syndicats des ouvriers peintres et vitriers français sont au nombre de 79 et répartis dans les départements suivants : Allier, Alpes-Maritimes, Aude, Bouches-du-Rhône, Charente-Inférieure, Cher, Corrèze, Côte-d'Or, Doubs, Drôme, Eure-et-Loir, Finistère, Gard, Haute-Garonne, Gironde, Hérault, Ile-et-Vilaine, Indre, Isère, Loire-Inférieure, Loiret, Lot, Lot-et-Garonne, Maine-et-Loire, Manche, Marne, Nièvre, Nord, Orne, Pas-de-Calais, Basses-Pyrénées, Hautes-Pyrénées, Pyrénées-Orientales, Haut-Rhin, Rhône, Sarthe, Seine, Seine-Inférieure, Seine-et-Oise, Deux-Sèvres, Var, Vaucluse, Vendée, Vienne, Haute-Vienne, Alger, Constantine et Oran.

De plus, on compte deux syndicats ouvriers de peintres en décors (Seine et Alger); un Syndicat d'ouvriers fileurs décorateurs (Seine); deux syndicats d'ouvriers peintres de lettres, (Seine et Alger).

Il existait en tout, en France, en 1904, 7.326 syndicats industriels et commerciaux dont : 2.948 patronaux, avec 236.819 membres; 4.227 ouvriers, avec 715.876 membres; 151 mixtes, c'est-à-dire composés de patrons et ouvriers avec 36.044 membres. En outre, on comptait 2.761 syndicats agricoles avec 649.214 membres. Sur environ dix millions d'ouvriers français, 1.637.953 seulement étaient syndiqués. Ces chiffres représentent une faible minorité dans le monde du travail.

*
* *

Six associations d'ouvriers peintres ont été fondées et existent actuellement à Paris. Ce sont : « *La Laborieuse* », à Puteaux-Paris; « *La Mutuelle*, rue Caulaincourt; « *La Ruche* », boulevard de Grenelle; « *La Solidarité parisienne* », rue de Grenelle; « *Le Travail* », rue de Maistre; « *La Peinture Moderne* », rue de Montcalm.

Enfin, une association d'ouvriers doreurs fonctionne rue Caulaincourt.

Uue « Union Amicale des employés de l'Entreprise générale de peinture, société de secours mutuels », a son siège rue Etienne-Marcel ; elle est placée sous le patronage de la Chambre syndicale des Entrepreneurs de peinture, a pour président d'honneur M. Houppe et pour vice-présidents : MM. Manger et Wernet.

*
* *

Il nous est impossible de passer sous silence, dans cette revue rapide de la situation actuelle de la belle industrie qui nous occupe, la maison Leclaire qui est l'une des plus intéressantes créations professionnelles de l'Europe. Leclaire, qui imagina le système de la participation aux bénéfices a, par son œuvre admirable, élevé le niveau intellectuel de ses collaborateurs, développé l'activité, la fidélité, la sollicitude, l'économie, la persévérance dans l'effort. Il a fait bénéficier de plusieurs millions de francs les salariés de ses ateliers et, mieux encore, il a assuré leur existence pendant la vieillesse, organisé l'apprentissage et des cours professionnels. Les ouvriers de cet établissement sont constitués en société de prévoyance et de secours mutuels qui vient en aide aux malades, aux familles qui ont perdu leur soutien, constitue des rentes viagères, des pensions, etc., etc.

Leclaire a propagé l'usage du *blanc de zinc*, peinture inoffensive pour lequel il a inventé des procédés économiques de fabrication (1). Il a sa statue dans l'un des squares de Paris. Cet entrepreneur de peinture, fils d'un humble cordonnier de village, peut être considéré comme un des bienfaiteurs de la classe ouvrière, dans le sens le plus élevé du mot. C'est aussi l'une des gloires du métier.

Jeton de la Chambre Syndicale des Entrepreneurs de Peinture et Vitrerie, Doreurs et Marchands de papiers peints

(1) C'est un manufacturier de Dijon qui fit connaître, à Guyton de Morveau, le blanc de zinc. Il s'appelait Courtois.

Le vitrier ambulant, en 1840, d'après Henri MONNIER

CHAPITRE VII

Les ouvriers peintres et vitriers dans le compagnonnage

Le compagnonnage tient une place trop importante dans l'histoire des corporations de métiers pour que nous négligions de parler de la participation des ouvriers de l'industrie qui nous occupe ici, à cette célèbre institution.

Nous avons, dans nos précédentes études historiques et professionnelles, rappelé, avec les origines et les légendes du compagnonnage, la présence dans cette association d'ouvriers des divers métiers de la construction (1). Nous avons fait ressortir la grande valeur de cette institution qui, d'après nous, ne date nullement de l'époque où régnait le roi Salomon. Le compagnonnage n'est pas antérieur au XIIIe siècle et peut même lui être postérieur. Il n'existe très probablement que depuis le temps où le maître, oubliant ses humbles origines, délaissa l'esprit de camaraderie qui l'attachait à ses ouvriers et les lui faisait considérer comme des égaux, partageant avec eux la vie familiale, les admettant à son foyer, à sa table même. Dans beaucoup de métiers, ces ouvriers pouvaient, sans rien débourser, devenir maîtres à leur tour : il en était ainsi pour le peintre imagier du XIIIe siècle qui pouvait s'établir à sa guise, sans autre condition que de bien connaître son métier (2).

Mais à la fin du moyen-âge, les mœurs patriarcales ont disparu : l'ouvrier n'est plus qu'un inférieur plus ou moins considéré, pour lequel la maîtrise monopolisée et vendue à prix d'or est devenu inabordable. Abandonné à lui-même, sans pouvoir espérer un meilleur avenir, l'ouvrier

(1) Voyez : *Artisans et compagnons* ; p. 224. — ARTISANS FRANÇAIS : *Les Charpentiers* ; p. 216. — *Les Maçons et tailleurs de pierre* ; p. 224. — *Les Serruriers* ; p. 211. — *Les Menuisiers* ; p. 221 ; etc. etc.

(2) Voyez plus haut les premiers statuts des peintres-imagiers : Chapitre II.

cherche alors des compensations; il veut remplacer l'appui moral et bienfaisant qui lui fait défaut; il le trouve dans des conditions nouvelles. Les réunions lui sont interdites: il s'associe secrètement avec d'autres ouvriers, comme lui mûs par des sentiments respectables et des plus humains: c'est le besoin d'affection, ce sont les inspirations de la sociabilité, de l'amitié, de l'assistance qui unissent ces hommes, fondateurs du compagnonnage, qui n'étaient certes pas, les premiers venus. Peut-être cette association secrète avait-elle quelque lien avec les anciennes confréries des métiers; peut-être fut-elle calquée sur le plan de la société maçonnique, avec laquelle elle a plus d'un rapport. N'importe: il est indéniable qu'elle dût l'existence à des hommes écœurés par l'égoïsme des jurandes et dominés en même temps par l'esprit de justice et le sentiment de la mutualité, dont ils ne connaissaient pas le mot, mais fort bien la valeur et l'utilité.

Peu nombreux d'abord, ces travailleurs se virent bientôt à la tête d'un mouvement énorme. De tous les côtés, sur tous les points du territoire, de vastes institutions d'assistance fraternelle furent créées; elles devinrent de plus en plus florissantes parce qu'elles étaient d'abord nécessaires et qu'ensuite, la persécution, qui fait naître les prosélytes, les atteignit injustement.

Elles furent en effet, très vivement et quelquefois même très cruellement attaquées. Mais elles subsistèrent et grandirent encore, malgré les décrets des Conciles qui les condamnaient parce qu'au lieu de se placer sous la protection de l'église, elles se réclamaient d'une tradition antérieure au christianisme (1), malgré les sentences de police, les arrêts du Parlément qui défendaient les « assemblées, conventicules, confraries, disnez, souppers, banquetz pour traiter de leurs affaires » et déclaraient que ces réunions favorisaient « les crapules de la débauche ». Leurs pratiques et leurs rites devinrent des « sacrilèges et des blasphèmes (2) ».

Et cependant, le but du compagnonnage était celui-ci : défendre énergiquement les intérêts de l'ouvrier, c'est-à-dire protéger la faiblesse contre la force (3) ; procurer du travail à ceux qui étaient en état de chômage ou en voyage du Tour de France, voyage obligatoire pour se perfectionner dans l'exercice de toute profession ; s'assister et se secourir mutuellement en cas de maladie ou

(1) Les compagnons faisaient remonter l'origine de leur société au temps de Salomon.

(2) Arrêt du Parlement du 15 juillet 1500. — Sentence du Châtelet, 10 mars 1506. — Concile de Sens de 1524. — Déclaration de la Sorbonne, 1655 ; etc. etc.

(3) Nous parlons d'un temps où la véritable justice était inconnue et où le peuple n'était rien, au point de vue de la liberté.

de blessure; venir en aide aux veuves et aux orphelins; faire les frais des funérailles des camarades décédés. Les sentiments religieux étaient respectés: les fêtes des patrons des corporations étaient célébrées avec grande pompe et cet usage dura jusqu'à nos jours. Il y avait, dans tout cela une pensée profonde mêlée de beaucoup de bonté. Ajoutons que l'enseignement professionnel était inscrit dans les statuts du compagnonnage et que, dans certaines corporations, il donna des résultats surprenants.

Les persécutions de tout genre auxquelles le compagnonnage fut en butte, parce qu'au besoin, il était l'âme des coalitions, des émeutes, des mises en interdit ou *damnages* (1) amenèrent des modifications dans son organisation et voilà tout. Les assemblées se firent plus secrètes encore; les compagnons menacés cachèrent leurs véritables noms sous des pseudonymes; les parjures furent très sévèrement punis, quelquefois même de mort. Le langage mystique et les coutumes singulières s'accentuèrent davantage.

Ce n'est que de nos jours que le compagnonnage tend à disparaître. *L'Office du Travail*, publication du ministère du Commerce et de l'Industrie, nous apprend cependant qu'il reste encore,

(1) Mise à *l'index*.

en France, près de 8.000 compagnons de divers métiers, répartis entre 38 de nos villes.

*
* *

Nous ne voyons pas figurer les peintres dans les anciennes annales du compagnonnage; mais cela ne prouve pas que ces artisans s'en éloignèrent. Le contraire est probable : il n'y a aucune raison pour qu'ils n'aient pas fait partie de cette institution, qui comprenait tous les autres ouvriers du bâtiment : maçons et tailleurs de pierre, charpentiers, menuisiers, couvreurs et serruriers. En 1853 seulement, ils sont unis avec les plâtriers et reçus à Bordeaux le 5 juin, dans l'*Union compagnonnique*. En 1897, les peintres, plâtriers et tailleurs forment un bureau dans cette ville; ils sont au nombre de 77.

Quant aux vitriers, c'est autre chose. Nous les voyons figurer parmi les anciens compagnons. Ils furent présentés par les serruriers et admis en 1701 comme Compagnons du Devoir, Enfants de maître Jacques et du père Soubise (1). Les tailleurs de pierre, compagnons passants ou *loups*, les charpentiers de haute futaie, les menuisiers

(1) Voyez, dans les ouvrages précités, ce qu'étaient ces personnages.

devoirants (1) ou *chiens*, les serruriers, les tanneurs, les teinturiers, les cordiers, les vanniers, les chapeliers. les blanchers-chamoiseurs, les fondeurs, les épingliers, les forgerons, les tondeurs de drap, les tourneurs étaient leurs anciens, comme date de réception. Depuis, on vit s'adjoindre à ces Compagnons du Devoir : les selliers, les poêliers, les doleurs (2), les couteliers, les ferblantiers, les bourreliers, les charrons, les cloutiers, les couvreurs et enfin les plâtriers. Cette liste est dressée suivant l'ordre des préséances.

Dans un ouvrage estimé qui traite du Compagnonnage (3), nous trouvons, au chapitre concernant la correspondance échangée entre les Cayennes (chambres ou lieux d'assemblées des Compagnons dans les villes), cette curieuse lettre qui, on le verra, répond à une autre lettre qui n'était pas conforme aux règles prescrites et fut renvoyée, pour ce fait, par les destinataires :

De Tours, le 16 juin 1753.

Salut et benediction à tous les jolis compagnons vitriers de la Ville et fauxbourgs d'Orléans, particulierement a vous, l'Ancien.

(1) Et non dévorants, comme on l'a souvent écrit. Devoirant signifie *compagnon du devoir*.

(2) Ceux qui font les douves de tonneaux.

(3) *Le Compagnonnage*, par E. Martin Saint Léon; p. 61 : *Armand Colin*, 1901.

NOS CAMARADES,

Celle-ci est pour vous faire reponse a la vostre par laquelle vous nous marquez que vous êtes en parfaite santé. Nous en sommes charmés. Pour a l'égard des nostres, elles sont bonnes, Dieu mercy. Nous vous dirons qu'au sujet du Bourdelais, il n'est plus a Tours, et nous avons eue la peine d'y travailler, attendu qu'il n'y avoit aucun compagnon à Tours, nous avons passé à Orléans, dont nous avons esté surpris de n'y pas trouver de com pagnons. On nous a dit que vous estiez en campagne. Il est cependant du fait d'un joly compagnon de laisser les affaires entre les mains d'un compagnon menuisier ou serrurier, quand on part pour aller en campagne. De même nous vous ferons dire quand vous viendrez à Tours. Du surplus, nous tous, compagnons vitriers, en chambre du Devoir, avons jugé à propos de vous renvoyer votre lettre, attendu qu'elle n'est point faite a la maniere accoustumée. Nous vous dirons que nous avons reçeu compagnon le nommé Bourguignon la Fidelité, finy (1) le 11 de ce moys, et le 16, avons reçeu le nommé Bosseron le Bienvenu pigeonneau (2). Autre chose n'avons a vous mander pour le present, sinon que nous sommes

(1) *Compagnon fini*: l'un des grades du compagnonnage. *Ancien* et *premier de ville*, sont de même des titres acquis par le mérite et l'assiduité. Les grades sont dans cet ordre : 1° compagnons reçus ; 2° compagnons finis ; 3° initiés ; 4° affiliés.

(2) *Pigeonneau* : sans doute l'équivalant d'affilié.

tous enfans de Maistre Jaques, qu'estimons mieux battre aux champs que de souffrir aucune lacheté.

En foy de quoi, nous avons tous signé en chambre du Devoir des compagnons vitriers.

LANGEVIN *de Bonne Volonté*, compagnon vitrier ancien.

BENOIS *la Tranquilité*, compagnon vitrier finy.

BOURGUIGNON *la Fidélité*, vitrier compagnon finy.

BEAUCERON *le Bien Venu*, compagnon vitrier.

Le *damnage* (ou condamnation), c'est-à-dire la défense à tous compagnons de travailler pour un maître qui a démérité dans l'esprit des ouvriers (1), est constaté dans une lettre datée de mai 1753 et adressée par les compagnons vitriers de Tours (probablement les mêmes que les signataires de la lettre précédente) aux affiliés d'Orléans qui sont avertis qu'un maître de leur profession, tourangeau, a écrit à deux de ses confrères d'Orléans pour leur demander de lui envoyer des ouvriers, mais qu'il faut avertir que ce maître nommé Bertereau appelle les compagnons « *des fripons* » et, qu'en conséquence, on ne peut travailler pour lui, parce que « *sa boutique est défendue* ». Cette

(1) Le Code pénal, art. 416, a conservé le mot *damnation* qui est, suivant LITTRÉ, donné par les ouvriers aux amendes, défenses, interdictions qu'ils prononcent soit les uns contre les autres, soit contre les chefs d'atelier et entrepreneurs.

interdiction fut observée et Bertereau ne put trouver d'ouvriers (1).

*
* *

Lorsqu'un vitrier, faisant son tour de France, arrivait dans l'une des *villes de devoir*, c'est-à-dire indiquée sur l'itinéraire à suivre, il se rendait aussitôt dans l'auberge où se tenait la loge des compagnons, et là, il se faisait reconnaître en échangeant des signes et des pressions de la main, puis en répondant, par des phrases convenues, aux questions mystérieuses que la mère lui adressait (2). Ainsi, on lui demandait quels sont les noms des compagnons vitriers *finis* les plus remarquables : il donnait entre autres, celui de Hiram. Or, Hiram, suivant la légende, était un architecte de Tyr, qui fut assassiné par trois ouvriers auxquels il avait refusé de livrer les secrets du Devoir. Puis après quelques autres demandes et répliques de ce genre, la mère ajoutait : « Hommage à leur mémoire et à la gloire »...

(1) *Archives du Loiret* et *le Compagnonnage*, par E. Martin Saint Léon, p. 66.

(2) La mère des compagnons dirigeait le lieu des réceptions qui était une auberge. Cette mère n'appartenait pas toujours au sexe féminin : c'était souvent un ouvrier hors d'âge.

et le vitrier de finir cette tirade par ces mots : « de tous les jolis compagnons vitriers de Maître Jacques ». Puis les deux personnages s'embrassaient (1).

Les enfants de Maître Jacques surnommé *la Flèche d'Orléans*, se distinguent des autres groupes du compagnonnage par la longue canne à pomme d'ivoire et les couleurs variées attachées au chapeau et retombant sur les épaules, tandis que les enfants du père Soubise ont la canne à tête noire et les gavots, la petite canne.

* * *

L'*Union compagnonnique*, fondée en 1889, avait pour but, comme son nom l'indique, de mettre un terme aux dissensions et aux rivalités sans nombre qui s'élevaient sans cesse entre les divers Devoirs des compagnons. Les vitriers furent l'un des corps de métier qui, les premiers, signèrent le pacte de cette union, avec les vanniers, les cloutiers, les chapeliers, les tonneliers; ils se firent représenter dans les Congrès du compagnonnage qui eurent lieu en 1894 et en 1899 et dans lesquels on vota l'unification des rites. Mais

(1) Voyez : *le Compagnonnage*, ouvrage déjà cité, p. 228.

ce vote ne tira pas à conséquence, car il ne rallia pas la majorité des compagnons dont une partie voulut garder tout entières les vieilles traditions ; ceux-ci s'intitulèrent : *Compagnons fidèles au Devoir* (1).

(1) Voyez, pour plus de détails : Artisans et compagnons ; *Le Compagnonnage et la franc-maçonnerie* ; par Fr. Husson, p. 143. Paris, Marchal et Billard.

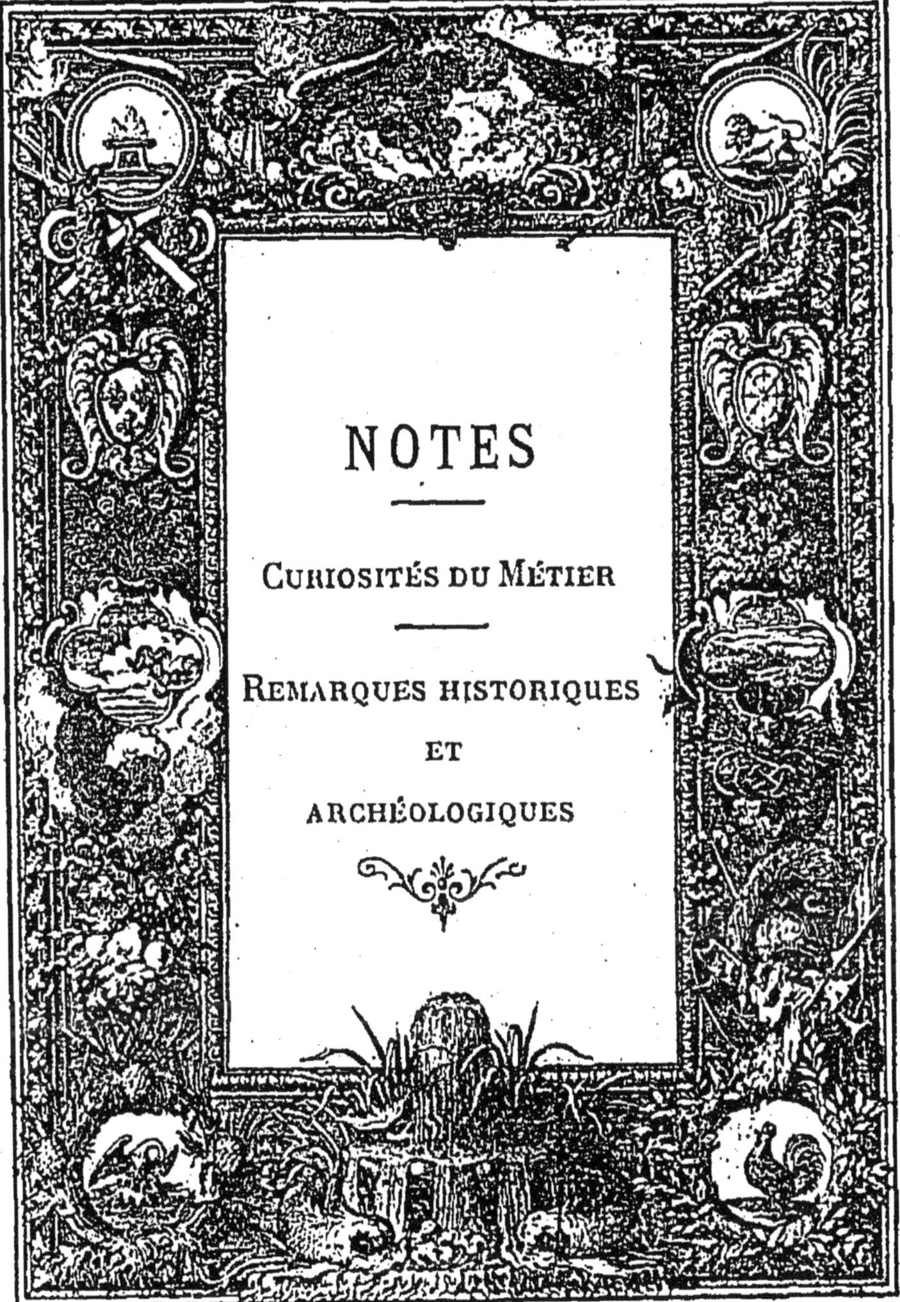
NOTES
CURIOSITÉS DU MÉTIER
REMARQUES HISTORIQUES
ET
ARCHÉOLOGIQUES

NOTES

CURIOSITÉS DU MÉTIER. — REMARQUES HISTORIQUES ET ARCHÉOLOGIQUES

PAGE 16. — Théophile Gautier, dans « Arria Marcella », nous décrit ainsi une maison de Pompéï qu'il recompose d'après des données certaines :

Le portique était composé de « quatre colonnes d'ordre dorique... le fût enveloppé comme d'une draperie pourpre d'une teinte de minium ; elles soutenaient une cimaise coloriée d'ornements polychromes ; sur la paroi latérale de la porte, un molosse de Laconie exécuté à l'encaustique et accompagné de l'inscription sacramentelle : *Cave canem* aboyait à la lune et aux visiteurs avec une fureur peinte... Les murs extérieurs teints d'ocre et de rubrique (1), n'avaient pas une crevasse »...

La cour de la maison d'Arria était « entourée de co-

(1) *Rubrique :* couleur de sanguine.

lonnes de marbre grec d'ordre ionique peintes jusqu'à moitié de leur hauteur d'un jaune vif, et le chapiteau relevé d'ornements rouges et bleus... Des panneaux de fresques représentant des architures capricieuses ou des paysages de fantaisie décoraient les murailles »...

Dans une autre salle dont le plafond représentait les dieux de l'Olympe, « la frise composée de cerfs, de lièvres et d'oiseaux se jouant parmi les feuillages, régnait au dessus d'un revêtement de marbre »...

Voici pour le peintre d'attributs romain : « Auguste », dit Pline, « est le premier qui ait enrichi les murailles des salles de peintures agréables et variées lesquelles représentent des portiques, des boulingrins, des bois, des bosquets, des viviers, des fleuves, des rivages... Quant aux murailles extérieures, exposées aux injures du temps, c'est encore Auguste qui imagina d'y représenter des villes maritimes »...

Pireïcus peignait des boutiques de barbiers, de cordonniers, de marchands de légumes et autres.

Sur les murailles où étaient attachées les images des ancêtres, le peintre figurait un arbre généalogique dont les divers rameaux répondaient à chacun de ces portraits.

Le vitrier romain figure dans Juvénal. Dans sa Satire IV, on voit une dame romaine se faire transporter dans une litière vitrée.

Dans sa Satire XI, on lit : « Jupiter protégeait autrefois les Romains, lorsque ses statues n'étaient que de terre cuite et que la main du doreur n'avait pas encore corrompu la sainte simplicité. »

Et dans Perse, Satire II : « Vous croyez plaire aux

Dieux lorsque vous employez l'or aux visages de leurs statues, et s'ils vous envoient un songe heureux, vous leur faites dorer la barbe. »

PAGE 21. — Vasari, peintre italien (1512-1574), désigne sans hésiter Jean de Bruges (ou van Eyck), comme étant l'inventeur de la peinture à l'huile. C'est donc à un artiste connu que l'on devrait cette découverte, effectuée vers l'année 1410. Et cependant Théophile le moine, écrivain du XIIe siècle, dit textuellement : « Si vous voulez peindre des portes en rouge ou leur donner une autre couleur, employez de l'huile de lin que vous ferez ainsi : prenez de la graine de lin que vous sécherez dans une poêle sur le feu, sans eau, mettez-la dans un mortier et triturez-la avec le pilon en poudre très fine ; puis la remettant dans la poêle et y versant un peu d'eau, vous ferez chauffer fortement. Enveloppez-la ensuite dans un linge, placez-la dans un pressoir et exprimez l'huile de lin. Avec elle, broyez du vermillon et du cinabre ou telle couleur que vous voudrez sur une pierre, sans eau. Avec un pinceau, vous en donnerez une couche aux portes et aux tables que vous voudrez peindre »...

Peut être le procédé indiqué par Théophile fut-il perdu et retrouvé par Jean de Bruges qui le perfectionna. Cet artiste parvint à composer le vernis pour ses tableaux.

Les peintres de lettres et d'attributs, sous Louis XI, nous apparaissent, décorant les étendards et les bannières. Dans les comptes de ce monarque, extraits des Archives nationales, nous voyons figurer : « Jacob de Litemont, paintre du roy nostre sire » ; il reçoit 24 livres tournois pour avoir peint sur deux étendarts : « l'imaige saint Michel, ung dragon qu'il terrace, avec un grand soleil et plusieurs petits soleils jettans leur raiz de fin or battu ». Un autre peintre : « Yvon Fourbault, demourant à Paris », est payé « la somme de 8 livres 5 sols, qu'il devoit avoir par marché fait avecques lui pour paindre deux banieres : C'est assçavoir en l'une d'une part et d'autre, l'imaige de Nostre Dame, et en l'autre d'une part et d'autre, l'imaige Saint Denis et ses deux compaignons, martirs. »

Les bannières des corporations étaient décorées d'attributs divers par les peintres et les brodeurs.

L'un de ces artisans : Jehan Bourdichon, reçoit du même monarque : « la somme de vingt livres dix sept sols ung denier tournois, à luy ordonnée par ledit seigneur pour avoir paint ung tabernacle de fin or et d'azur ». Le même : « pour avoir estoffé et paint saint Martin, le cheval et le povre (1), de fin or moulu et de fin azur et autres couleurs riches », est payé « 20 escus d'or ».

Nous retrouvons le même ouvrier plus loin, dans les mêmes comptes. Cette fois, il a « escrit et paint d'azur 50 grans rouleaulx que ledit seigneur a fait mectre en plusieurs lieux dedans le Plessis-du-Parc, esquels est escript *Misericordias Domini in œternum cantabo*, et paint et pourtraict d'or, d'azur et autres couleurs, trois anges de trois pieds de haulteur ou environ, qu'ils tiennent chascun un desdits roulleaux en leur main, et est escrit ledit *Misericordia ;* pour cecy, par vertu dudit roole du Roy et quittance dudit Bourdichon, escripte le 21e jour

(1) Le *pauvre* auquel saint Martin donne la moitié de son manteau.

d'avril 1480, avant Pasques cy rendu, la somme de 24 livres, I sol, 3 deniers. »

Dans les comptes des dépenses faites à l'occasion des obsèques de Louis XII, figure Jean Perval, de Paris, valet de chambre et peintre du feu roi, auquel il est délivré une somme de 231 livres et 15 sous « pour deux cents six grans escussons aux armes du Roy, avec l'ordre de la couronne, et timbre fait de fin or et azur sur papier, car le Roy l'avoit voulu riche, et plus pour trois mille quatre cent vingt six escussons, etc... 1.269 livres. »

PAGE 31. — Une manufacture de papiers peints existait en 1788, à l'angle de la rue Louis-le-Grand et du boulevard.

En effet, nous savons que le duc de Fronsac, fils du maréchal de Richelieu et possesseur du pavillon de Hanôvre, bâti par ordre de ce dernier, intenta inutilement un procès contre les frères Robert, « qui avaient élevé, à l'encoignure du boulevard, une fabrique de papiers peints qui masquait la vue du pavillon ». Les juges donnèrent tort au grand seigneur que cet établissement gênait.

Comme on le verra plus loin pour les enseignes, certains artistes-peintres, et non des moindres, n'ont pas dédaigné de composer des sujets destinés à l'industrie de la fabrication des papiers peints. Prudhon, surnommé le *Corrège français*, auteur de la superbe composition du *Crime poursuivi par la justice*, a travaillé pour les manufactures de tentures en papiers; c'était un excellent coloriste. On a pu admirer de lui, à l'exposition rétrospective du mobilier et de la décoration de 1900, un gracieux dessin reproduit sur papier peint: c'est un panneau représentant l'*Amour et Psyché*.

Tallemant des Réaux, dans ses Historiettes, en parlant de la marquise de Rambouillet, s'exprime ainsi: « C'est la première qui s'est avisée de faire peindre une chambre d'autre couleur que de rouge ou de tanné; et c'est ce qui a donné à sa grand'chambre le nom de la *Chambre bleue*. »

On peignait donc toujours, au siècle de Louis XIV, les chambres à coucher en rouge ou en couleur de tan.

Le même auteur nous raconte que le conseiller au Parlement, M. de Bullion devenu ministre, acheta une chapelle à Saint-Eustache et la fit peindre et dorer. L'ouvrier chargé de cette besogne vint le trouver un jour et lui dit:

— Monsieur, c'est pour votre chapelle.

— Eh bien?

— C'est qu'il faudrait la dédier à quelque saint.

— Eh bien, mon ami, à quel saint?

— Monsieur, à saint Paul, à saint André, à saint Antoine?

— Auquel tu voudras.

— Monsieur, c'est à vous à dire.

— Eh bien, mets y saint Antoine, mon ami.

PAGE 44.—L'imposition de la taille était fixée au cinquantième du revenu déclaré. Le plus ancien rôle connu de cet impôt est celui de 1292; il a été reproduit, en 1837, par H. Géraud, élève de l'école des Chartes.

Ce précieux document nous fournit les renseignements suivants :

Dans « la rue Jaques de Vernuel, jusques à la Croiz-Neuve », nous trouvons un verrier du nom de Symon, qui paie 12 deniers d'impôt.

Rue Riche-Bourc, « Robert le paintre » paie 3 sous ; « Baudoyn le paintre, » 12 sous.

Près la « rue de la Croiz du Tiroer ; Guillaume le voirrier » paie 3 sous ; Climençon de Troyes, « paintre », paie 3 sous.

Rue Rolant-l'Avenier (1), « Robert, de Gounesse, ymagier », paie 2 sous et Jehan « l'ymagier », 3 sous.

Rue Bertin-Porée, Guillaume le Breton, « paintre », paie 9 sous ; Eude de Charmentre, aussi « paintre » et ses trois enfants paient 12 sous, tandis que Jehan de Pinqueigni et Nicholas d'Aunay, « paintres », ne paient chacun que 12 deniers.

Rue « aux Deux-Portes, Mestre Estienne, d'Auceurre, paintre », est taxé à 8 sous, Paul, de Piqueigni, « ymagier », à 2 sous.

« Devant et devers l'yaue (2), vers l'abreuvoir de la rue Tybaut-aux-Dez », Thomas Chace-Pie, « voirrier », paie 36 sous.

« Du côté de la rue des Lavendières », Amauri « l'ymagier » paie 16 sous, Guillaume « le paintre », 5 sous, Jehan d'Orlienz (3), le « paintre et son serourge (4) », paient 18 sous. Jehan le Queu, « paintre », 3 sous, Michiel, du Perche, « paintre », 10 sous.

(1) *Avenier :* marchand d'avoine.

(2) Lisez *:* eau ; la Seine.

(3) Orléans.

(4) Son beau-frère.

« Au Perrin-Gascelin », nous trouvons Raoul de Chartres, Yvon et Richard, « paintres », payant 2 et 6 sous d'impôt.

Rue du Four-Saint-Honoré, Renaut, « le paintre », paie 6 sous.

Près « la porte Saint-Denys », les deux « ymagiers » : Guillaume de Meulent et Jehan Maalot, paient l'un 4 sous, l'autre 6 sous.

Dans « la Grant-Rue Saint-Denys », Jehan, « le paintre », paie 8 sous, Robert « l'ymagier », 2 sous, Gilbert, « l'ymagier », 12 sous, Evrart, « d'Orliens », idem, 4 sous, Macy, idem, 3 sous.

Dans la Truanderie, « le paintre de la méson Saint-Antoinne » paie 2 sous.

Rue Saint-Sauveur, Guillaume, « l'ymagier », paie 6 sous.

« Grant-Rue de la Paroisse Saint-Gile », Giles « le paintre », paie 7 sous ; les « ymagiers » Jehan, de Héricourt, Symon, paient 3 sous l'un et les autres 12 deniers, tandis que Guillot, du même métier, ne paie rien.

Dans « la rue ou l'en cuit les Oës (1) », un autre Symon, « l'ymagier », paie 12 sous, tandis que son confrère Jehan ne paie que 2 sous.

« En Quinquempoist », Noël, « l'ymagier », paie 4 sous.

« En la Sale au conte de Danmartin », Jehan le Picart, « ymagier », paie 2 sous.

« En Bourc-l'Abé », Gautier, « le voirrier », paie 12 deniers, Pierre Robert, « paintres », autant.

Rue des Petits-Souliers, Aubert, « l'ymagier », paie 24 sous.

(1) Lisez : *rue où l'on cuit les oies*, depuis rue aux Ours.

Rue de Denestal, Pierre, « le paintre », paie 7 sous et Colin, le lanternier, 2 sous.

Richart et Maillart, « paintres », rue de Frépillon, paient 3 et 2 sous.

A la porte du Temple, Jehan, « le paintre », paie 2 sous.

« Rue des Blans-Mantiaus », Jaque, « le paintre », paie 2 sous.

A la porte « Saint Merri », nous trouvons Adam, « l'ymagier », qui paie 3 sous.

« En la rue Saint Jaque », Jehan Pinon, « paintre », paie 58 sous.

« En la Sellerie, « Jehannot Chartain, « paintre », paie 3 sous et Gefroi le Breton, son confrère, 8 sous.

« En la rue de la Savonnerie, Robert, de Saint Cloout, verrier », paye 3 sous et Jehanne la verrière, 2 sous.

Près « Saint Jehan en Grève, Mestre Raoul, le verrier le roy (1) », paie 2 sous et Jehan de Tunes, autre verrier, 12 deniers.

« En la rue de Violeite, Nicolas, le paintre », paie 6 livres.

Rue Tiron, Henri d'Audicourt, peintre, paie 3 sous.

Dans la Cité, « en la Viez-Draperie » (2), Robert le verrier paie 8 sous; Rue Saint Pierre aux bœufs, Jehanne la verrière, paie 2 sous; Rue « aux Oës », Nicolas le verrier, est taxé à 12 sous; Rue du Sablon, Jehan « le paintre » à 12 deniers. « Paroisse Saint Sevrin; rue des Plastriers », Ysabelot, la verrière, paie 2 sous; « Rue de Guellande », Raoul, l'imagier, paie 2 sous; rue de la Harpe, Lorenz le verrier, est taxé à 30 sous.

(1) Lisez : *du roi.*

(2) La rue de la Vieille Draperie était, à peu de chose près, sur l'emplacement de la rue de Lutèce,

« Paroisse Saint Andri » près la rue « de la Serpent », Guillaume le peintre, paie 2 sous.

« Paroisse Saint Cosme, Sainte, la paintre », paie 3 sous.

« Paroisse Saint Benoict-le-restourné », Alain, le verrier, paie 8 sous.

Rue Saint Victor, Adam, verrier, paie 18 sous.

En tout, 15 verriers ou marchands de verre, 33 peintres, 21 imagiers et un lanternier (1) figurent sur le rôle de cette taille, datant de Philippe-le-Bel.

La Confrérie des vitriers peintres sur verre, dont il est souvent parlé dans les statuts de la communauté, était érigée en l'église des chanoines réguliers de Saint-Augustin et de Sainte-Croix-de-la-Bretonnerie. La chapelle était sous l'invocation de Saint Marc.

PAGE 58. — Les peintres de la comtesse Mahaut, petite-fille de saint Louis, peignent des selles, des chars... C'étaient les selles des *palefrois*, des *haquenées*; les chars dont il s'agit n'étaient pas suspendus, car le premier carrosse « branlant et moult riche » ne fit son apparition qu'à l'entrée d'Isabeau de Bavière; encore n'était-il *suspendu* que par des cordes. Au temps de la comtesse Ma-

(1) Il y avait, à Paris, en 1292, environ 15.200 contribuables, payant une somme de 12.218 livres 14 sous. La valeur de la livre tournois était de 16 francs, celle du sou de 80 centimes, celle du denier d'un peu moins de 7 centimes. La livre parisis valait 25 sous et 15 deniers tournois. On suppose que les taxes de 1292 sont exprimées en monnaie parisienne ou *parisis*, mais cela n'est pas certain.

haut, les chars étaient en très petit nombre, parce que, surtout, les routes et chemins étaient bien peu praticables; et, comme conséquence, il n'y avait pas, comme aujourd'hui, de peintres en voitures. Ceux-ci, du reste, ne se font connaître, comme artisans spéciaux, que beaucoup plus tard, vers la fin du XVIIIe siècle, pourrions-nous dire plus exactement. Sous Louis XIV, en 1658, on ne comptait encore que 320 carrosses à Paris, moins que de chaises à porteurs et de litières. En 1770, il y avait 15.000 voitures à Paris; un grand nombre d'entre elles se faisaient remarquer par leur décoration, leur peinture artistique et la profusion des dorures. Aujourd'hui, les ouvriers peintres en voitures paraissent être au nombre d'environ deux mille.

*
* *

Parmi les peintres-décorateurs de mérite qui firent partie de l'Académie royale de peinture et de sculpture, nous pouvons citer : Jean Le Moyne qui, par privilège royal, demeurait aux galeries du Louvre. Il fut employé aux travaux du château de Versailles ; Guillaume Anguier, « recherché pour les tableaux d'architecture et les ornements » ; il était logé aux Gobelins ; Francart, peintre des bâtiments du roi, logé dans le même établissement et Simon, rue des Petits-Champs.

Parmi les entrepreneurs du roi Louis XIV, nous remarquons : pour la peinture, Poisson fils, à Saint-Germain-en-Laye, Le Febvre, rue de Richelieu ; pour la dorure : Noel des Oziers, à Versailles ; pour la vitrerie : Pougeois, vieille rue du Temple, Gombault, rue Saint-Thomas-du-Louvre et la veuve Janson, rue de l'Arbre-Sec (1).

Nous avons déjà indiqué plus haut les noms de quatre de ces notables entrepreneurs (2).

Nous avons eu l'occasion, dans nos précédents ouvrages, de parler des miracles attribués au diacre Paris, au XVIIIe siècle, en ce qui rattache plus ou moins directement ces faits, considérés comme surnaturels, à nos études historiques.

Cette étrange affaire qui révolutionna le Paris d'alors pendant plusieurs années, mit en relief un certain Dupoirier, vitrier, demeurant rue Mouffetard, et qui est très probablement le même que Jean Baptiste du Poirier, maître vitrier de l'hôpital général, dont nous avons cité le nom dans l'arrêt du Parlement ci-dessus rapporté, à la date du 26 mars 1740. Cet artisan travaillait, le 20 mars 1737, à la réparation d'un vitrage de l'église de Saint-Médard, lorsque l'un des panneaux, détaché avec trop de violence, lui tomba sur la tête. Le choc mit l'ouvrier de mauvaise humeur ; il blasphéma contre le diacre et paraît-il, jeta des petits gravats jusque sur la tombe du bienheureux.

Mais aussitôt « le sieur Dupoirier » fut puni. Les vitres de sa maison et de sa boutique volèrent en éclats, frappés par des pierres lancées par des mains invisibles. Toutes les recherches furent superflues et les vitres se cassaient toujours... en présence et sous les yeux même des per-

(1) Livre Commode, de 1692.

(2) Page 144.

quisiteurs et d'un commissaire auquel on avait eu recours, ce qui fut constaté, paraît-il, par procès-verbal.

Tout cela n'empêcha pas notre vitrier de s'écrier : « Voilà toutes mes vitres cassées et ma maison bouleversée ; j'ai bien affaire de ce bougre de saint » ! (1).

Décidément notre vitrier était un esprit fort !

Sous Louis XIV, les ouvriers peintres trouvaient les adresses des maîtres ayant besoin de leurs services, ou même étaient embauchés « aux Filles pénitentes de la rue Saint-Denis, tous les dimanches au matin ». Ces filles pénitentes, qui étaient les religieuses de Sainte-Catherine, ou *Catherinettes*, furent plus tard les « recommanderesses » des jeunes gens qui désiraient être admis comme élèves à l'Académie de peinture. Ceux-ci pouvaient se présenter à leur maison aussi chaque dimanche.

*
* *

Les assemblées d'ouvriers peintres pour l'embauchage avaient lieu, sous Louis-Philippe, sur la place du Châtelet, tous les jours de la semaine de 5 à 7 heures du soir, et le dimanche, de midi à 2 heures. Tous les jours, c'était *le coin ;* le dimanche, c'était *la chapelle*, où l'on discutait les intérêts des ouvriers.

Dans son livre intitulé : *Les industries, métiers et professions de France*, E. de la Bedollierre accuse plaisamment les peintres de se mêler aux émeutes, avec les peintres-vitriers : « Leurs armes favorites », dit-il, « sont, dit-on, des pierres, et celles qu'ils dirigent contre les muni-

(1) Extrait du livre intitulé : *Histoire des miraculés et des convulsionnaires de Saint-Médard*, par P. F. MATHIEU. Paris. Didier ; 1864, p. 408.

cipaux vont frapper les carreaux des maisons voisines... heureuse maladresse » !

Et plus loin, cet auteur ajoute : « Avez-vous des carreaux à remettre, des chambres à tapisser, des meubles à nettoyer, des cadres à dorer, des parquets à cirer, des tableaux à encadrer ou à revernir, le vitrier-peintre est prêt ; il entreprend au plus juste prix tout ce qui concerne son état. Demandez-lui votre portrait même, et il s'armera bravement de la palette et des pinceaux de l'artiste. Quelle joie pour lui d'avoir une enseigne à peindre : le *Point du jour*, la *Vache noire*, le *Lion d'or*, le *Cheval blanc*, le *Coq hardi*, le *Bon coin*, le *Gagne-petit*, le *Rendez-vous des amis*, le *Soldat laboureur*, le *Petit chapeau*, ou le ci-devant *Tombeau de Saint-Hélène* ! De quels transports il est saisi quand on lui propose d'embellir une taverne d'un cep de vigne, un restaurant d'une matelotte, une charcuterie d'une hure de sanglier, une pharmacie d'un vase étrusque, un café d'une bouteille de bière pétillante ! C'est que le vitrier-peintre... est né avec le goût des arts : il avait manifesté de bonne heure sa vocation en charbonnant les murailles de la maison paternelle ; mais... il est tombé de la catégorie des artistes dans celle des artisans »...

« Quelques-uns de ces peintres sont de véritables artistes ; par eux s'est opérée la régénération des cafés de Paris, métamorphosés en palais de la Régence ou en salons du temps de Louis XV. Ils ont fait monter l'or le long des murs en capricieuses arabesques ; ils ont couvert les boiseries de gracieuses figurines, et placé au-dessus des portes d'ingénieux cartouches ».

Cette note humoristique ne nous rappelle-t-elle pas les peintres d'autrefois qui, eux aussi, étaient souvent d'habiles décorateurs et, comme nous l'avons fait ressortir, une sorte d'intermédiaires entre la peinture des bâtiments et le grand art ?

Nous ne saurions parler ici longuement du travail des vitraux, car cette branche du grand art est en dehors de notre sujet. Et cependant, on a vu, dans le cours de notre étude, que les artisans qui travaillaient le verre portaient le titre de vitriers-peintres sur verre. Il ne s'agissait pas là, certes, des grands artistes auxquels on doit les magnifiques verrières de nos vieilles cathédrales, comme, par exemple, Jean Cousin, Pinaigrier, Perrier, les Levieil, etc., mais bien des artisans habiles qui mettaient le verre en plomb par panneaux et représentaient, au gré de leurs clients, sur les pièces de vitrage, des attributs, des motifs et emblêmes divers, des armoiries, etc., en les encadrant de bordures de couleur.

Ces peintres distingués nous ont laissé de fort belles pièces, où le cobalt, le brun-rouge tiré du cuivre, le vert, le pourpre, le jaune, le jaune d'or, le violet, sont les principales couleurs, toutes à bases de métal, souvent appliquées sur les deux faces et rendues inaltérables par la cuisson au four (1).

Nous croyons que tous les vitriers-metteurs en plomb d'autrefois peignaient sur verre, et que peut-être, les contribuables qui figurent sur le rôle de la taille de 1292, avec l'indication « d'aide à four » qui suit leur nom, étaient leurs valets ou aides.

La date de la découverte de la peinture sur verre est très incertaine. L'historien de saint Bénigne de Dijon

(1) Voyez ci-dessus, les premiers statuts des vitriers-peintres sur verre, année 1467, art. V.

raconte que, de son temps, c'est-à-dire au milieu du XIe siècle, on conservait, dans cette église, un très ancien vitrail peint représentant le martyre de sainte Paschisie; il avait été retiré de l'ancienne église restaurée plusieurs fois, notamment par Charles-le-Chauve (1).

PAGE 149. — Le verre est aujourd'hui surtout fabriqué dans le Nord et la Loire. « La Compagnie des verreries de la Loire et du Rhône », dit M. Peligot, « produit annuellement 500.000 mètres superficiels de verre blanc et 75.000 mètres de verre de couleur. Dans le Nord, cette industrie occupe 25 ou 30 fours à 8 creusets, produisant de 4 à 5 millions de mètres superficiels de verres à vitres. Elle est plus importante encore en Belgique; on compte dans ce pays environ 200 fours à 6 et 8 creusets... En 1860, la fabrication belge était de 43 000.000 de kilogr. dont 32 millions, soit environ 6.400.000 mètres superficiels, étaient exportés.

PAGE 189. — Un certain nombre d'enseignes ont été, en effet, peintes par des artistes célèbres, comme nous le disons. Parmi ces œuvres, nous pouvons encore citer :

L'enseigne du marchand de tableaux Gersaint; elle représentait son magasin et était due à Watteau;

L'enseigne du chapelier bourguignon Charton, peinte par Prud'hon. Elle représentait tous les chapeaux de l'époque, et, au milieu, deux ouvriers travaillant le feutre;

(1) PÉLIGOT. *Le Verre.*

L'enseigne d'un bonnetier de la rue Chauvine, à Dijon, due au même artiste. Elle représentait l'éruption d'un volcan dont sortaient des quantités de caleçons, de tricots, de chaussettes, de bonnets de coton émergeant des flammes et de la fumée ;

Des enseignes de maréchaux ferrants peintes par Géricault, vers 1818, pour deux de ces industriels, l'un de Rouen, l'autre de Sèvres ;

L'enseigne d'un armurier « *A la Valeur* », par Jean Lepautre ;

L'enseigne du « *Petit Dunkerque* », par Joseph Vernet. Ce magasin était installé entre la rue de Nevers et la rue Dauphine ;

L'enseigne d'un chirurgien, par Chardin ;

L'enseigne du « *Huron* » pour un marchand de tabacs : celle-ci était de Greuze ;

Enfin, le « *Bœuf à la mode* », du Palais-Royal, date du Directoire et fut très bien peint par Swagers ; la « *Fille mal gardée* », autrefois rue de la Monnaie, était d'Abel de Pujol ; les « *Deux Pierrots* », au bas de la rue Saint Jacques, étaient de Gavarni ; Delacroix a peint l'enseigne « *A Maître Albert* », placée boulevard Saint-Germain, près la rue de Bièvre.

Une autre enseigne, celle de Lacroix, perruquier-coiffeur, rue Basse-Porte-Saint-Denis, représentait Absalon avec cette inscription, citée par Balzac :

« Passants contemplez la douleur
« D'Absalon pendu par la nuque.
« Il eut évité ce malheur
« S'il eut porté perruque. »

Gavarni, déjà cité, dans sa série intitulée : *La Folle du Logis*, figure un peintre qui est sur son échelle et termine une enseigne *A la Bonne Foi.* Il dit: « L'huile est toujours de l'huile; mais il y a enseigne et enseigne! Pour des *Singe-Vert*, des *Tête Noire*, des *Boule Rouge*, on peut faire poser des bourgeois, mais pour des *Bonne Foi*, c'est plus ça!...

De leur côté, Carle Vernet et Hippolyte Bellangé ont aussi choisi pour sujet, le peintre d'enseignes. Vernet représente l'un de ces artisans peignant un poulet suspendu à un clou; Bellangé nous donne un autre ouvrier qui représente le *Moulin d'amour*.

Charles Jaque place un maître peintre sur le seuil de sa boutique dont l'enseigne est celle-ci: *Bernard, peintre, seul doreur des cornes et sabots du bœuf gras* (1).

Le métier du peintre a souvent inspiré la caricature. C'est ainsi que le *Charivari* de 1834 représentait le roi Louis-Philippe suspendu à la corde à nœuds et badigeonnant avec le pinceau à long manche, une muraille sur laquelle le mot *Charte* était tracé en lettres monumentales.

PAGE 196. — Quelquefois, en voyant le chef de la famille se servir journellement du pinceau ou du ciseau, l'enfant du peintre ou du sculpteur s'éprenait d'amour pour l'art qui peut animer la toile, le bois ou le marbre. C'est ce qui arriva, qu'on nous permette de le rappeller avec quelque orgueil, dans notre propre famille.

Pierre du Mont, notre aïeul en ligne maternelle, maître peintre et sculpteur de l'Académie de Saint-Luc, n'a guère laissé que des travaux intéressants de sculpture ornementale, tandis que ses fils produisirent des œuvres

(1) Extrait des *Légendes et curiosités des métiers*, par SÉBILLOT.

magistrales qui ornent nos principaux musées et que l'un d'eux, Jacques Du Mont le Romain, notre arrière grand oncle, devenait directeur et chancelier de l'Académie royale de peinture et sculpture, sous Louis XV.

*
* *

Un vieux conte de la Bretagne nous apprend qu'un artisan, Thomas le doreur habitait, à l'entrée d'une forêt, une vieille cabane. Les marguilliers de la paroisse voisine vinrent l'y chercher pour dorer les saints en bois d'une église que l'on venait de construire. Ils entrent dans la misérable habitation et conviennent du prix avec l'artisan. Quand ils sont partis, celui-ci cherche ses feuilles d'or, mais il n'en trouve que quatre; il n'a pas d'argent pour en acheter d'autres et il ne veut pas demander d'acompte. Enfin il se résigne à réclamer l'assistance d'un seigneur voisin qui passe cependant pour avoir contracté un pacte avec le diable. Aussitôt, il voit paraître un bel étranger qui lui donne rendez-vous pour la nuit même. Thomas y trouve le diable et le seigneur qui, sur l'ordre de Satan, lui donne une grosse somme, à la condition que le doreur vendra son âme aussitôt le travail achevé. Thomas achète les feuilles d'or, termine l'œuvre qui paraît fort belle et la porte à l'église. Avant d'y entrer, il voit le diable qui réclame, puisque l'ouvrage est fini, la signature d'un pacte. Non, répond le doreur, je n'ai pas encore doré l'oreille du chien de Saint-Roch ». Mais la dorure devient toute noire. « Qu'as-tu fait, dit le recteur, n'as-tu pas pris d'argent du diable? — Non, répond Thomas, c'était celui du Seigneur. — Alors tout n'est pas perdu ». Les statues des saints sont aspergées d'eau bénite, la dorure redevient brillante et le diable disparaît (1).

* * *

Puisque nous en sommes à la note gaie, écoutons ce que dit Gavarni, à propos du vitrier ambulant (2) :

« Piémontais d'ordinaire, le vitrier ambulant se répand sur toute la surface du continent : on le rencontre dans les grandes villes, dans les bourgs, dans les villages, dans les hameaux, car sa clientèle est partout où il y a des fenêtres pour recevoir des vitres et des coups de vent pour les briser... Sur son dos, est soutenue par des courroies une espèce de cadre de bois chargé d'une certaine quantités de lames de verre de toutes les dimensions et de toutes les nuances, depuis le vert foncé jusqu'à la blancheur cristalline de la vitre de Bohême. Une règle aplatie qui lui sert en même temps de mesure, une sorte de crayon dont la pointe est un diamant avec lequel il trace sur le verre les lignes qui doivent le séparer, un marteau et un couteau à lame flexible forment tout le reste de son établissement. C'est merveille de le voir ainsi équipé, passer dans les rues les plus glissantes sans faire un faux-pas et sauver adroitement de tous les embarras sa fragile marchandise...

« Il serait difficile d'indiquer par la notation en usage la mélodie « *Au vitrier* ». Ces deux mots subissent des va-

(1) Cette légende se trouve, sous une forme à peu près identique dans l'ouvrage intitulé : *Légendes et curiosités des métiers* par P. *Sébillot*.

(2) Dans les *Français peints par eux-mêmes*.

riantes et deviennent quelquefois incompréhensibles pour ceux qui ne font que les entendre sans voir les marchands, comme par exemple lorsqu'ils se transforment en ceux-ci : « *Au itri* » ! Ils sont généralement moitié chantés, moitié parlés. La première syllabe est chantée très haut et fortement criée, tandis que le mot vitrier est dit très bas et se trouve presque couvert par le premier son. Celui-ci m'a souvent rappelé le hoquet convulsif des passagers tourmentés par le mal de mer...

« J'ai rencontré un vitrier qui donnait l'accord en *fa* mineur en descendant. J'en citerai un autre qu'on peut regarder comme une rareté de l'espèce. A la fin de « *Au vitrier* » ! il remonte la gamme par des quarts de ton, comme lorsqu'on monte une corde de violon et, arrivant ainsi très haut, son cri se transforme en un coup de sifflet si aigu, si perçant qu'il coupe l'air comme un diamant coupe un carreau » (1).

Cette petite esquisse humoristique pourrait constituer à elle seule un chapitre des cris de Paris.

*
* *

A rapprocher de l'extrait qu'on vient de lire. Une chanson comique de 1840, tirée d'un vaudeville intitulé : « Le peintre véritablement artiste », nous initie à la multiplicité des talents de cet artisan.

Depuis que je m'suis mis artiste,
C'est uniq' comme j'ai des succès,
N'y a pas d'ouvrage qui me résiste,

(1) Cette amusante observation est reproduite dans le Dictionnaire de LAROUSSE, au mot *vitrier*.

Je suis le vrai peintre français!
Les Gérard, les Grecs, les Horace,
Ont un bon p'tit genr'de talent,
Mais moi n'y a pas d'genre qui fasse,
J'les risque tous inclusivement,

Faut voir comme ma propriétaire,
Rend bien justice à mon talent,
J'lai peinte ainsi qu'madam'sa mère,
J'ai peint son chien et son enfant;
J'ai peint aussi sa cuisinière,
Son frotteur et puis son portier,
J'ai peint la maison entière,
Y compris même l'escalier!

Nous extrayons de nos plus anciens annuaires des Bâtiments, les noms de quelques peintres entrepreneurs qui y ont ajouté quelques curieuses qualifications :

1812.— Cosseron, rue de Thionville N. 20, inventeur de l'excellente couleur lucidonique, c'est-à-dire couleur préparée en liqueur prête a être employée, portant avec elle son brillant comme un vernis et sans odeur, séchant en 20 minutes, qui se lave comme un marbre sans déteindre; inaltérable à l'eau et au soleil, absorbant l'humidité, etc...

1813. — Guérin, entrepreneur de peintures et de dorures du prince de Neufchâtel et Wagram; expert-vérificateur de dorures, rue Saint-Denis, N. 345.

Lettu, artiste peintre d'ornements et décors, rue du Four-Saint-Germain, N. 20.

Maillot, peintre en architecture, décors et bâtiment.

Morisant, artiste en décors, Apport Paris, N. 20.

D'autres entrepreneurs s'intitulent doreurs en armoiries, doreurs et décorateurs, etc.

1816. — Huin jeune, vitrier du département de la Seine et entrepreneur-décorateur de verre de couleur, rue de Verneuil, N. 34.

Dubois, peintre de paysage et décors, rue du faubourg Poissonnière, N. 14.

Fontaine, peintre d'ornemens et ruines, rue J.-J.-Rousseau, N. 6.

Page 199. — En 1902, une Commission parlementaire fut chargée d'étudier les questions de la suppression de l'emploi de la céruse et de l'assimilation, pour les ouvriers peintres, des maladies saturnines aux accidents occasionnés par le travail. Le 18 juillet de cette même année, le ministre du commerce publiait un décret qui, sans prohiber d'une manière absolue l'emploi de la céruse, le réglementait de façon fort étroite et, en particulier, interdisait l'usage du produit en poudre et le ponçage à sec.

En réalité, les dangers qu'amène l'emploi de cette substance sont beaucoup moindres qu'autrefois. En effet, dans la pratique d'il y a 20 ou 30 ans, ce produit était livré en poudre et il fallait le broyer, après l'avoir tamisé pour éviter le grain, ce qui provoquait forcément une poussière dangereuse. Aujourd'hui, l'industrie livre la céruse toute broyée.

L'ouvrier le plus exposé aux accidents saturnins est *l'enduiseur* qui tient la céruse préparée dans la main gauche, tandis qu'il l'étale de la main droite. La céruse est alors absorbée par les pores de l'épiderme.

Quant à la valeur industrielle du produit incriminé, elle est incontestable. La céruse, en se combinant avec l'huile, forme une surface protectrice qui ne peut être remplacée, au moins pour les travaux extérieurs, par aucun produit connu. Le blanc de zinc est loin de présenter la même résistance aux intempéries et les autres produits destinés à remplacer la céruse sont de nature très inférieure.

Comme conclusion, si nous revenons à la question très intéressante des dangers qu'apporte à l'ouvrier peintre, l'emploi de la céruse, nous croyons, avec tous ceux qui examinent cette affaire sans passion, que le législateur a le devoir d'imposer les mesures de préservation utiles et d'interdire les méthodes d'application pernicieuses qui mettent la matière en contact avec la couche superficielle de la peau humaine, ce qui est la cause principale des maladies saturnines. Une réglementation de cette nature donnerait satisfaction à tous et cela, sans que l'interdiction d'un produit des plus nécessaires à la peinture sérieuse, dont il est la base, soit prononcée. Elle doit toucher particulièrement l'enduiseur, ouvrier spécial parisien qui se sert de l'enduit à la céruse, contrairement à ce qui se passe ailleurs. En effet, l'ouvrier peintre de province fait à l'occasion, ses enduits lui-même et, de plus, il emploie presque toujours un enduit inoffensif composé de colle, de plâtre, d'huile de lin et de blanc de Troyes.

Les ouvriers peintres en bâtiment envoyèrent trois délégués à la Commission d'encouragement de l'Exposition universelle de Paris de 1867. Ils s'y firent les porte-paroles de *tous les travailleurs*, dont ils se déclarèrent les interprètes et déclarèrent qu'il ne pouvait y avoir de grandes améliorations sans que l'on ait obtenu :

La liberté d'association, sans aucune restriction ;

La liberté de réunion, reconnue par une loi;

La liberté de la presse;

Le droit, pour Paris, de nommer les conseillers municipaux;

L'égalité des travailleurs devant la loi, comme devant l'urne électorale;

L'abrogation de la loi sur les coalitions;

La diminution des intérêts du Mont-de-Piété sur les objets de première nécessité;

L'instruction professionnelle gratuite et obligatoire pour tous;

Une loi réglementant la liberté commerciale, en ne permettant plus à un seul ou à plusieurs capitalistes d'accaparer les denrées alimentaires de première consommation, ainsi que les matières premières destinées à l'industrie;

La création d'hôpitaux pour les invalides civils du travail;

Enfin, la liberté égale pour tous.

Les ouvriers peintres, après avoir exprimé ces vœux ajoutaient : « Nous avons indiqué le mal et les remèdes à y appliquer. Nous prouvons par là qu'il est des réformes que le peuple demande, et il doit être non seulement écouté, mais satisfait. »

Ces revendications étaient exposées sous le second Empire et il fallait un certain courage pour les formuler avec autant de crânerie.

LIOGRAPHIQUE

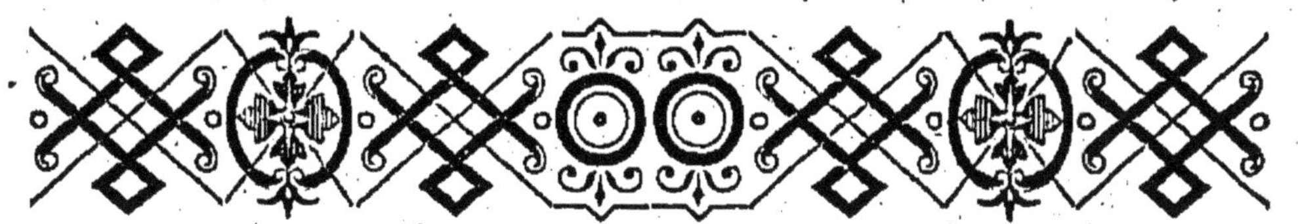

INDEX BIBLIOGRAPHIQUE

DES

PRINCIPAUX OUVRAGES PUBLIÉS

SUR LA

PEINTURE EN BATIMENT ET LA DÉCORATION MURALE

ADAMS (L.). — Décorations intérieures Louis XIII et Louis XIV. *Morel;* in-fol., 100 pl.

ALEXANDRE (Arsène). — Histoire de l'art décoratif du XVIe siècle à nos jours. *Paris s. d.*; in-4°, 48 pl., 12 eaux-fortes, 526 dessins.

ART POUR TOUS. — Encyclopédie de l'art industriel et décoratif. *Morel;* in-fol.

BÉRAIN (J.). — Ornements peints dans les appartements des Tuileries. *Langlois*, vers 1690; in-fol.

BLANC (Ch.). — Grammaire des arts décoratifs : décoration intérieure de la maison; in-8°.

BERTHELON. — Bois et marbres. *Thézard;* 32 pl., in-fol.

BOTZUM (A.). — Bibliothèque du peintre en bâtiment. Nouveaux modèles de lettres. *Dourdan*, *Thézard;* in-fol., 30 pl. en couleur.

BOUCHER fils (I.-F.). — Recueil de décorations intérieures. *Paris*, 1904; in-fol.

BOURGOIN (J.). — Théorie de l'ornement, 330 fig. gr. in-8°. *Schmid.*

— Éléments de l'art arabe; le trait des entrelacs. *Paris*, 1879; gr. in-8°, 200 pl.

CARPEY. — Tableaux décoratifs, plafonds, panneaux, attributs, etc., photographies.

CHENAVARD (A.). — Album de l'ornemaniste. *Paris*, 1845; in-fol.

CLAESEN. — Motifs de décoration. *Claesen* s. d.; in-fol., 130 pl.

CLERGET (E.). — Mélanges d'ornements de tous styles. In-fol. *Schmid.*

CHRISTY. — L'ornementation d'après la nature. In-4°. *Schmid.*

COURAJOT (L.). — La polychromie dans la statuaire du Moyen-Age et de la Renaissance. *Paris*, 1888; in-8°.

DALY (César). — L'architecture privée au XIXe siècle. 3e série. Décorations intérieures peintes. 2 vol. in-fol., 110 pl. *Schmid.*

DAVID (E.). — Décors intérieurs et extérieurs. Plafonds et peintures murales. 2 vol. in-fol. *Dourdan*, *Thézard;* pl. en couleurs.

DESTAILLEUR. — Estampes relatives à l'ornementation des appartements aux XVIe, XVIIe et XVIIIe siècles. Paris, 1863; in-fol.

DU CERCEAU (P. et J. Androuet). — Livre de divers ornements. 12 pièces in-4°. — Grandes et petites arabesques. *Baldus.*

DUCOMPEX (E. A.). — Traité de la peinture en bâtiment et du décor. 1 vol. gr. in-8°. *Schmid.*

— L'art du filage, avec atlas. *Construction moderne.*

— Nouveaux modèles de lettres pour peintres en bâtiments. 30 pl. *Construction moderne.*

CHAUMET (L.). — *L'Echo des Peintres*, journal des peintres en bâtiment, des décorateurs, des peintres en voiture, des plâtriers-peintres. — Publication périodique.

FLEURY (Paul). — Nouveau traité pratique et raisonné de la peinture de bâtiment et du décor, in-4°. — Journal-Manuel de peinture, publication mensuelle. — Modèles de tons. — *Claesen* et *Motteroz*.

FRAIPONT (G.). — La plante dans la décoration. *Paris s. d.;* in-4°.

GAILHABAUD. — L'architecture du Ve au XVIIe siècle et les arts qui en dépendent, 4 vol. in-4° et atlas in-f° *Gide*, 1858. — L'art dans ses diverses branches, etc. gr. in-4° 70 pl. *Paris*, 1863.

GATEUIL. — Recueil pratique de décorations intérieures, *Thézard.*

GAUCHEREL (L.). — Exemples de décoration de l'antiquité à nos jours. *Bance*, 1857, in-4° pl.

Gelis-Didot (P.). — La peinture décorative du xie au xvie siècle. — Id. du xvie au xviiie siècle, 2 ouvrages avec chacun 60 pl. *Schmid.*

Genermont. — L'art de la dorure sur bois. *Pochy*, 1899.

Gerlach (M.). — Festons et groupes décoratifs. *Schenk*, in-f°.

Gillot, De la Joue et autres. — Esquisses de peintures décoratives de l'époque Louis XV ; *Leipzig*, in-f°.

Girault de Prangey. — Ornements moresques de l'Alhambra. *Hauser ;* in-8°.

Glaise (N.). — Album du peintre en bâtiment. Ornements, filage, décors, attributs, *Ducher*, in-f°. 60 pl. en couleurs. — Ornements au pochoir. *Ducher*, 1884, in-f°. 30 pl. en couleurs. — Modèles de lettres, *Dourdan*, in-f°.

Godon. — La peinture sur toile et son application à la décoration intérieure. Paris, 1885, in-8°. 10 pl.

Grald (M.-J.). Intérieurs, plafonds et décorations, murales. *H. Laurens*, in-f° 24 pl.

Gruz (H.). — Motifs de peinture décorative pour appartements modernes, 67 pl. in-f° *Motteroz.* — Devantures de magasins (peinture) ; *Dourdan*, in-f°, 15 pl. en couleurs.

Guibal. — La lettre industrielle. *Paris s. d.* in-8° 24 pl.

Guichard (E.). Grammaire de la couleur. — L'harmonie dans les couleurs. (Décoration des appartements), 4 vol. in-8° oblong, *Motteroz.*

Guichard et Chesneau. — Dessins de décorations des principaux maîtres, 40 pl. in-f°, *Motteroz.*

Guilmard (D.). — Décor intérieur des habitations au xixe siècle. *Paris, s. d.* in-f° 48 pl.

— Les maîtres ornemanistes. Paris, 1880-81. 2 vol. in-4°. 180 pl.

Habert-Dys. — L'ornement pratique, *Paris s. d.* in-4°. 48 pl.

Havard (H.). — Dictionnaire de l'ameublement et de la décoration du xiiie siècle à nos jours, *Paris, s. d.* 4 vol. in-4°.

Herbinier (A.). — Documents de décoration florale moderne, 250 dessins : *Construction moderne.*

Keller (A.). — Le décor par la plante. *Paris*, 1904, in-8° 685 dessins.

Koch (A.). — La décoration moderne des intérieurs. Darmstadt. 1895. In-4°.

Lambin (E.). — La Flore gothique. — L'ornementation florale dans les églises, gr. in-8° *Schmid.*

Lebart (G.). — Décoration florale ; in-f°. 12 pl.

Leroy (A.). — Lettres, bordures, attributs, moulures, 9 albums in-8°.

Libonis (L.). — L'ornement d'après les maîtres. *Laurens*, in-4°. 753 documents.

Liénard. — Spécimens de la décoration au xixe siècle, in-f° 125 pl. *Motteroz et Liège ; s. d.*

Lièvre (E.). — Les arts décoratifs à toutes les époques, *Morel*, 2 vol. in-f°.

LORAIN (Paul). — La flore décorative, 2 albums in-f°, *Schmid.*

MARTIN (Arthur). — Peinture décorative, 12 pl., *Schmid.*

MASSELIN (O.). — Dictionnaire du métré et de la vérification de Peinture, décors, dorure, tenture et vitrerie, 5 vol.

MAYEUX (H.). — Dessins et croquis décoratifs, gr. in-4°. 60 pl.

MUCHA (A.-M.). — Documents décoratifs, peinture, papiers peints, etc., *Paris s. d.* in-f°.

MULIER (E.). — Peinture d'art nouveau ; décorations murales, etc., 2 vol. in-f°. — Lettres et enseignes, art nouveau, 1 vol. in-f°, *Dourdan.*

MUSÉE DES ARTS DÉCORATIFS (Le). — 4° volume : Peinture décorative.

NIMBEAU (F.). — L'entrepreneur de peinture en bâtiment. — Le métrage de la peinture en bâtiment. L'ouvrier peintre en bâtiment. 3 vol. avec dessins. *Construction moderne.*

NORMAND (Ch.). — Nouveau recueil d'arabesques, etc., et du décor en général. *Joubert;* in-fol. oblong, 26 pl. style empire.

OSLET (G.). — Traité de peinture en bâtiment et de décoration, par BOUDRY, CHAUVET et GENDRON. *Fanchon,* 1905.

OURI (A.). — Anthologie de l'ornement. Dictionnaire des styles. 200 fig. *Motteroz.*

Owen-Jones. — Grammaire de l'ornement. 112 pl. in-fol. — Lettres enluminées dans le style du moyen-âge. *Londres;* in-fol.

Pfnor. — Ornementation usuelle de toutes les époques. *Paris* ; 2 vol. in-4°.

Petit et Bisiaux. — Journal mensuel de peintures appliquées aux décorations de monuments, appartements, établissements publics. In-fol.

Péquégnot (A.). — Vieilles décorations de la Renaissance à Louis XVI. *Paris,* 1875; in-fol., 140 pl.

Picard (A.). — L'ornementation fleurie. *Rozier*, 1877; in-fol., 24 pl.

Pilters (J.). — Compositions florales. *Paris s. d.;* 24 pl. in-fol.

Planat (P.). — Décors d'intérieur. 40 pl. in-fol. *Construction moderne.*

— Le style dans la peinture décorative. 40 pl. *Construction moderne.*

Prisse d'Avesnes. — La décoration arabe. 1 vol. in-fol. *Schmid.*

Prunaire (A.). — Les plus beaux types de lettres. In-4°. *Schmid.*

Py (H.). — Enseignement théorique et pratique de l'imitation des bois, marbres et bronzes. 33 pl. *Construction moderne.*

Racinet (A.). — L'ornement polychrome, recueil historique et pratique; 2 vol. gr. in in-4°, *Didot.*

Reiber (E.). — Encyclopédie de l'art industriel et décoratif. *Motteroz.* Publication annuelle.

Rémon (G.). — Soixante planches de peinture décorative; in folio. *Construction moderne.* — Intérieurs d'appartements modernes. *Thézard,* 30 pl. in-folio en couleurs.

Renouvier (J.). — Jehan de Paris, varlet de chambre et peintre ordinaire de Charles VIII et Louis XII. *Paris* 1851, in 8°.

Revue des Arts décoratifs (La). — Recueil mensuel. *Motteroz.*

Roger-Marx. — La décoration et les industries d'art à l'Exposition de Paris de 1900. *Delagrave,* in-4°.

Rochebrune (O. de). — Cartouches et caissons de plafonds renaissance du Château de Coulanges: in-folio. *Schmid.*

Rochette (Raoul). — Peintures antiques; précédé de recherches sur l'emploi de la peinture dans la décoration des édifices grecs et romains *Imprimerie royale* 1836, in-4°, fig.

Ruprich-Robert (V.). — Flore ornementale; 1 vol. gr. in-8°. *Motteroz.*

Teyssèdre (A.). — L'art de décorer les appartements. Fig.

Toussaint (M.-H.). — Le style dans la décoration. In-fol. *Construction moderne.*

Trenet (C.). — Album de plafonds décoratifs. 2 vol. in-4°. *Construction moderne.*

Verneuil (P.). — L'ornement par le pochoir. In-fol. *Construction moderne.*

VIBERT (J.-G.). — Les couleurs et les vernis. *Lefranc.* — La peinture à l'œuf. *Lefranc.*

VIEILLE MONTAGNE (*Société de la*). — Emploi des peintures au blanc de zinc.

VIOLLET-LE-DUC. — Peintures murales des chapelles de Notre-Dame de Paris. *Morel*, 1870; 60 pl. in-fol. — De la décoration appliquée aux édifices. *Ballue;* in-fol., fig.

WATIN (N.). — L'art du peintre, doreur et vernisseur. *Paris*, 1773; in-8°.

WULLIAM et FARGE. — Spécimens de tons pour la décoration et la peinture en bâtiment. In-8°. *Construction moderne.* — La décoration ancienne et moderne. *Daly et Cie*; in-4°.

TABLE DES MATIÈRES

TABLE DES MATIÈRES

CONTENUES DANS CE VOLUME

Pages

A nos lecteurs 7

CHAPITRE PREMIER

Etymologie des mots : *peintre, peinture.* — La peinture et la vitrerie dans les temps antiques. — La peinture et la décoration picturale au moyen-âge ; les couleurs mystiques, etc. — Armoiries de la corporation. — Le peintre, le doreur et le vitrier aux XIVe et XVe siècles 11

CHAPITRE II

XIIIe ET XIVe SIÈCLES

Premiers statuts des peintres et tailleurs d'images (1258-1391). — Les peintres-imagiers et en bâtiment à Paris et en province ; comptes et salaires. — Un marché d'entreprise de peinture passé par devant le prévôt de Paris en 1320. — La vitrerie 38

Pages

CHAPITRE III

XVe ET XVIe SIÈCLES

Lettres-patentes de Charles VII (1431). — Les peintres dans la milice bourgeoise (1467). — Premiers statuts des vitriers (1467). — Confirmation des statuts et des privilèges des peintres par Henri II (1548-1555). — Nouvelle confirmation par Henri III (1582). — Les peintres-décorateurs à l'entrée de Charles IX dans Paris.......... 70

CHAPITRE IV

XVIIe SIÈCLE

Sentence du Châtelet; les enlumineurs (1608). — Arrêt du Conseil; les marbriers (1612). — Sentence du Châtelet (1613). — Ordonnance de police touchant les mœurs (1639). — L'Académie de peinture et sculpture et les maîtres peintres et sculpteurs: Arrêt du Conseil d'Etat (1648). — Arrêt de 1650. — Acte d'union entre la Communauté et l'Académie royale (1652). — Arrêts et sentences divers (1657 à 1665). — Nouveaux statuts des vitriers (1666). — Sentences de police; Arrêts du Parlement; déclarations royales; la Confrérie de Saint-Luc; les unions d'offices (1668 à 1696). — Le *Livre Commode* de 1692.......... 93

CHAPITRE V

XVIIIe SIÈCLE

Arrêt du Conseil concernant les vitriers; union d'offices (1703). — Création d'une école professionnelle par la communauté des peintres et sculpteurs (1703). — Déclaration du roi: Union d'offices aux peintres-sculpteurs (1705). — Sentence de 1711. — Arrêts du Conseil d'Etat; les maîtres verriers de Normandie (1714 et 1719). — Sentences et arrêts divers (1721 à 1731). — La Communauté des peintres et sculpteurs et l'Académie de Saint-Luc; nouveaux statuts (1730). — Sentences et arrêts divers concernant les maîtres de l'hôpital de la Trinité, la durée de la journée de travail, l'arrivée des verres à Paris, etc. (1732

Pages

à 1760). — Les Communautés supprimées et rétablies en 1776 ; supprimées définitivement en 1791. — Pourquoi les maîtres peintres de la Communauté ont-ils tous été académiciens ?.. 151

CHAPITRE VI

XIXe SIÈCLE

Une ordonnance de 1823 sur la céruse. — Les réunions d'entrepreneurs sous l'Empire, la Restauration et le règne de Louis-Philippe. — La Société des Entrepreneurs de peinture et vitrerie de Paris. — La Chambre syndicale des Entrepreneurs de peinture et de vitrerie, des doreurs et marchands de papiers peints. — Les syndicats patronaux et ouvriers ; les associations ouvrières des peintres. 198

CHAPITRE VII

Les ouvriers peintres et vitriers dans le compagnonnage... 208

Notes. — Curiosités du métier. — Remarques historiques et archéologiques.. 223

Index bibliographique des principaux ouvrages publiés sur la peinture en bâtiment et la décoration murale.......... 251

Table des Matières contenues dans ce volume............ 263

www.ingramcontent.com/pod-product-compliance
Ingram Content Group UK Ltd.
Pitfield, Milton Keynes, MK11 3LW, UK
UKHW020113200726
13856UKWH00002B/523

9 782011 903839